Contents 이 책의 차례

CHAPTER 01	가스일반	4
CHAPTER 02	가스의 특성	14
CHAPTER 03	고압가스	21
CHAPTER 04	액화석유가스	40
CHAPTER 05	도시가스	49
CHAPTER 06	고압가스 통합	59
CHAPTER 07	가스설비	77
CHAPTER 08	냉동사이클	104

CHAPTER 09	가스계측	109
CHAPTER 10	가스미터	121
CHAPTER 11	제어	126
CHAPTER 12	연소와 연료	130
CHAPTER 13	연소 계산	135
CHAPTER 14	폭발과 폭굉	137
CHAPTER 15	기타	143

CHAPTER 01 | 가스일반

1 압력

(1) 표준 대기압 [1atm] : 0 ℃에서 표준 중력일 때, ([빵꾸1]   ) 높이 수은주의 압력

> 1기압(atm) = 760 mmHg = 10.332 mH$_2$O = 1.0332 kg/cm^2
> = 1.013 bar
> = 0.101325 MPa
> = 101.325 kPa
> = 14.7 psi
> = 14.7 lb/in^2

(2) 절대압력(Absolute Pressure) : 완벽한 진공을 0점으로 두고 측정한 압력

(3) 게이지압력(Gauge Pressure) : 대기압의 기준을 0으로 하여 측정한 압력

> 절대압력 = 대기압 + ([빵꾸2]   )
> 절대압력 = 대기압 − ([빵꾸3]   )

2 온도

(1) 섭씨온도 [℃] : 1기압에서 물의 어는점을 0 ℃, 끓는점을 100 ℃로 100 등분한 것

메꿈 ① 760 mm   ② 게이지압력   ③ 진공압력

(2) 화씨온도 [°F] : 1기압에서 물의 어는점을 32 °F, 끓는점을 212 °F로 180 등분한 것

$$화씨온도(°F) : \frac{9}{5} \times °C + 32$$

(3) 절대온도
① 캘빈온도 : K = t ℃ + 273
② 랭킨온도 : R = t °F + 460 = K × 1.8

3 열량

(1) 1 [kcal] : 대기압에서 물 1 kg의 온도를 1 ℃ 올리는 데 필요한 열량

(2) 열용량 : 어떤 물질의 온도를 1 ℃ 올리는 데 필요한 열량

(3) 비열 [kcal/kg · ℃] : 어떤 물질 1 kg의 온도를 1 ℃ 올리는 데 필요한 열량
① 정압비열(C_P) : 일정한 압력의 기체를 측정한 비열
② 정적비열(C_V) : 일정한 체적의 기체를 측정한 비열
③ 비열비(K) : 기체에 적용되며 정적비열에 대한 정압비열의 비로 1보다 크다.

$$비열비\ K = \frac{C_P}{C_V} > 1$$

1원자 분자(1.67), 2원자 분자(1.4), 3원자 분자(1.33)

④ 정적비열과 정압비열의 관계
- 공학단위

$$C_P - C_V = AR \qquad C_P = \frac{k}{k-1}AR \qquad C_V = \frac{1}{k-1}AR$$

- SI 단위

$$C_P - C_V = R \qquad C_P = \frac{k}{k-1}R \qquad C_V = \frac{1}{k-1}R$$

$$R : 기체상수 \left(\frac{8.314}{M} kJ/kg \cdot K\right)$$

(4) 현열 : 온도변화만 일으키는 열(상태변화 없음) $Q = WC\Delta T$

(5) 잠열 : 상태변화만 일으키는 열(온도변화 없음) $Q = W\gamma$
   ① 얼음의 융해 잠열 : 79.68 kcal/kg
   ② 물의 증발 잠열 : 539 kcal/kg

암 현온잠상

4 일

어떤 물체에 힘을 가했을 때 힘의 방향으로 이동한 거리

> 1 [Joule] = 1 [N] × 1 [m]
> 1 [kg$_f$ · m] = 1 [kg$_m$] × 9.807 [m/sec^2] × 1 [m] = 9.807 [N · m]
>   = 9.807 [Joule]

5 열역학법칙

(1) 제0법칙 : 물체의 고온과 저온에서 마침내 열평형을 이룬다.

(2) 제1법칙 : 일은 열로, 열은 일로 교환할 수 있다.

(3) 제2법칙 : 자연계는 ([빵꾸1]) 변화가 일어난다.

(4) 제3법칙 : 절대온도 0도에 이르게 할 수 없다.

메꿈   ① 비가역적인

6 밀도, 비중

(1) 밀도(ρ) : 단위 체적당 차지하는 질량

$$\rho = \frac{m}{V}$$

m : 질량 [kg]
V : 체적 [m^3]

⇒ 기체의 밀도(d) = 기체분자량 / 22.4 L

(2) 비중 : 4℃ 물의 무게와 같은 체적을 갖는 물질의 무게 비

⇒ 기체의 비중 = 기체분자량 / 29(공기분자량)

7 엔탈피

(1) 단위중량당 열에너지

(2) $I = U + APV$
  I : 엔탈피 [kcal/kg], U : 내부 에너지 [kcal/kg]
  A : 일의 열당량 [kcal/kg·m]
  P : 압력 [kg/m^2], V : 비체적 [m^3/kg]

8 이상기체 법칙

(1) 보일 법칙 : 일정($^{[빵꾸1]}$)에서 압력과 부피는 서로 반비례한다.

$$P_1 V_1 = P_2 V_2$$

P_1 : 변하기 전 압력, P_2 : 변한 후의 압력
V_1 : 변하기 전 부피, V_2 : 변한 후의 부피

(2) 샤를 법칙 : 일정($^{[빵꾸2]}$)에서 부피는 절대온도에 서로 비례한다.

$$\frac{V_1}{T_1} = \frac{V_2}{T_2}$$

T_1 : 변하기 전 온도, T_2 : 변한 후의 온도
V_1 : 변하기 전 부피, V_2 : 변한 후의 부피

암 보온샤압

메꿈   ① 온도   ② 압력

(3) 보일-샤를의 법칙 : 기체의 부피는 압력과 서로 반비례하고 절대온도와 정비례한다.

$$\frac{P_1 V_1}{T_1} = \frac{P_2 V_2}{T_2}$$

(4) 기체상수 R 단위
   ① kcal/kmol·K
   ② kg·m/kmol·K

(5) 실제기체 중 온도가 높고 낮은 압력에서 이상기체에 가까운 행동을 함

9 ([빵꾸1]   )

전체의 압력은 각 성분 분압의 합과 같다.

$$분압(P_a) = 전압(P) \times \frac{성분기체몰수}{전몰수}$$

10 아마갓 법칙(Amagat)

전체 부피는 각 성분 부피의 합과 같다

11 기체 확산 속도 법칙

$$\frac{U_b}{U_a} = \sqrt{\frac{M_a}{M_b}} = \frac{T_a}{T_b}$$

U_a, U_b : 각 성분기체의 확산속도
M_a, M_b : 각 성분기체의 분자량
T_a, T_b : 각 성분기체의 확산시간

메꿈   ① 돌턴 법칙

12 르 샤틀리에 법칙

어떤 반응에서 평형상태의 조건(농도, 온도, 압력 등)을 변동시키면 그 변화를 없애는 방향으로 새로운 평형에 도달한다.

13 아보가드로의 법칙

STP 하에서 모든 기체 1몰(mol)의 부피는 22.4 L 이다.

(1) $PV = nRT$ (이상기체 상태 방정식)

(2) 기체상수 $R = \dfrac{PV}{nT} = \dfrac{1atm \times 22.4L}{1mol \times 273K} = 0.0821 L \cdot atm/mol \cdot K$

(3) 여기서 n은 몰 수 이므로 $n = \dfrac{W}{M}$ (W: 질량, M: 분자량)

(4) $PV = \dfrac{W}{M}RT \quad \therefore M = \dfrac{WRT}{PV} = \dfrac{dRT}{P}$

(5) 밀도 $d = MP/RT$

(6) $PV = GRT$

  P: 압력 ($kgf/m^2 \cdot a$), V: 체적 (m^3)
  G: 중량 (kgf), T: 절대온도 (K)
  R: 기체상수 $\left(\dfrac{848}{M} kgf \cdot m/kg \cdot K\right)$

(7) SI단위 : $PV = GRT$

  P: 압력 ($kPa \cdot a$), V: 체적 (m^3)
  G: 질량 (kg), T: 절대온도 (K)
  R: 기체상수 $\left(\dfrac{8.314}{M} kJ/kg \cdot K\right)$

14 연소

(1) 연소 : 가연성 물질이 산소와 결합하여 빛이나 열 또는 불꽃을 내는 현상

(2) 연소의 3요소 : ([빵꾸1]   ), ([빵꾸2]   ), ([빵꾸3]   )

　　　　　　　　　　　　　　　　　　　　　　　　　　　암 　가산점

(3) 연소의 종류

확산연소	가연성가스 분자와 공기 분자가 확산에 의해 급격하게 혼합되면서 연소가 일어나는 것으로 수소, 아세틸렌 등이 있음
증발연소	인화성 액체의 온도 상승에 따른 증발에 의해 연소가 일어나는 것으로 알코올, 에테르, 등유, 경유 등이 있음
분해연소	연소 시 열분해에 의해 가연성가스를 방출시켜 연소가 일어나는 것으로 중유, 석유, 목재, 종이, 고체 파라핀 등이 있음
표면연소	고체 표면과 공기와 접촉되는 부분에서 연소가 일어나는 것으로 숯, 알루미늄박, 마그네슘 리본 등이 있음
자기연소	질산에스테르, 초산에스테르 등 산소 없이 연소하는 것으로 니트로글리세린, TNT, 피크린산 등이 있음
등심연소	액체연료의 연소형태 중 램프 등과 같이 연료를 심지로 빨아올려 심지의 표면에서 연소시키는 것

　　　　　　　　　　　　　　　　　　　　　　　암 　확증분표자등

메꿈 　① 가연성 물질　② 산소공급원　③ 점화원

15 폭발

(1) 폭발 : 급격한 화학 변화 또는 물리 변화를 일으켜 열팽창과 큰 파괴력을 생성하는 현상

(2) 폭발의 종류

화학적 폭발	폭발성 혼합가스에 화학적 반응에 의한 폭발
압력의 폭발	압력용기 또는 보일러 팽창탱크 폭발
([빵꾸1])	가압에 의해 단일가스로 분리되어 폭발 (산화에틸렌, 아세틸렌)
([빵꾸2])	중합반응에 의한 중합열에 의해 폭발(시안화수소)
촉매폭발	촉매의 영향으로 폭발(수소, 염소)

16 폭굉

(1) 정의 : 가스 중 음속보다 화염전파속도가 큰 경우 파면선단에 충격파라는 솟구치는 압력으로 격렬한 파괴작용을 하는 현상

(2) 속도 : ([빵꾸3]   )m/sec

(3) 폭굉유도거리(DID)를 짧게 하는 요인
   ① 압력이 ([빵꾸4]   )
   ② 연소열량이 ([빵꾸5]   )
   ③ 연소속도가 ([빵꾸6]   )
   ④ 관 지름이 ([빵꾸7]   )

메꿈 ① 분해폭발 ② 중합폭발 ③ 1,000~3,500 ④ 높을수록 ⑤ 클수록 ⑥ 클수록 ⑦ 작을수록

17 가스 폭발범위

(1) 폭발범위 : 가연성 가스와 산소 또는 공기 혼합으로 연소, 폭발 일어날 수 있는 범위(%)를 말하며, 낮은 쪽 농도를 연소하한계, 높은 쪽을 상한계라 한다.

가스명	하한	상한
부탄 C_4H_{10}	([빵꾸1])	([빵꾸2])
프로판 C_3H_8	([빵꾸3])	([빵꾸4])
아세틸렌 C_2H_2	([빵꾸5])	([빵꾸6])
에틸렌 C_2H_4	([빵꾸7])	([빵꾸8])
에탄 C_2H_6	3	12.5
메탄 CH_4	([빵꾸9])	([빵꾸10])
산화에틸렌 C_2H_4O	([빵꾸11])	([빵꾸12])
수소 H_2	([빵꾸13])	([빵꾸14])
황화수소 H_2S	4.3	45
시안화수소 HCN	6	41
일산화탄소 CO	([빵꾸15])	([빵꾸16])
암모니아 NH_3	([빵꾸17])	([빵꾸18])

① 가스압력이 높을수록 발화온도는 낮아지고 폭발범위가 넓어진다.
② ([빵꾸19])는 압력이 높을수록 폭발범위가 좁아진다.
③ 가스 압력이 대기압보다 낮아지면 폭발범위가 좁아진다.

메꿈 ① 1.8 ② 8.4 ③ 2.1 ④ 9.5 ⑤ 2.5 ⑥ 81 ⑦ 2.7 ⑧ 36 ⑨ 5 ⑩ 15 ⑪ 3 ⑫ 80 ⑬ 4 ⑭ 75 ⑮ 12.5 ⑯ 74 ⑰ 15 ⑱ 28 ⑲ 일산화탄소

(2) 위험도 : 가스의 위험정도를 판단하기 위한 것으로 폭발범위를 하한계로 나눈 값

$$위험도\ H = \frac{U-L}{L}$$

H : 위험도
U : 폭발상한값(%)
L : 폭발하한값(%)

(3) 르샤틀리에 법칙 : 혼합가스 폭발 한계치를 구하는 식

$$L = \frac{100}{\frac{V_1}{L_1} + \frac{V_2}{L_2}}$$

L : 혼합가스의 폭발한계치
L_1, L_2 : 각 성분 가스의 단독 폭발 한계치
V_1, V_2 : 각 성분 가스의 비율(부피 %)

CHAPTER 02 | 가스의 특성

1 수소 성질

(1) 상온에서 무색, 무취, 무미인 가연성 압축가스

(2) 밀도가 ([빵꾸1]   ) 가장 가벼운 기체

(3) 액체수소는 극저온으로 연성의 금속재료를 취화시킴

(4) 산소와 수소의 혼합가스를 연소시키면 고온을 얻을 수 있음

$$2H_2 + O_2 \rightarrow 2H_2O + 135.6\ kcal : 수소폭명기$$

(5) 고온·고압에서 강재의 탄소와 반응하여 메탄을 생성하는 수소취화현상이 있음

$$Fe_3C + 2H_2 \rightarrow CH_4 + 3Fe : 탈탄작용$$

(6) 탈탄작용 방지금속 : Ti, Mo, V, Cr, W

> 암 탈탄작용 방지금속 : : 티모부끄러워

2 산소 성질

(1) 무색, 무취, 무미의 기체

(2) 수소와 격렬하게 반응하여 폭발하고 물을 생성

(3) 탄소와 화합하면 이산화탄소와 일산화탄소를 생성

(4) 자신이 폭발하진 않지만 강한 ([빵꾸2]   ) 가스

메꿈 ① 작고 ② 조연성

3 질소 성질

(1) 상온에서 무색, 무취인 기체로 공기 중 약 78.1 % 함유
   공기 중 질소 78 %, 산소 21 %, 아르곤 0.9 %, 이산화탄소 0.03 %, 수소 0.01 % 존재

(2) 불연성 기체로 분자상태에서는 안정하나 원자상태는 화학적으로 활발

4 염소 성질

(1) 상온에서 자극적인 냄새가 있는 황록색의 독성기체

(2) -34 ℃ 이하로 냉각시키거나 6~8 기압으로 액화하여 액체상태로 저장

(3) ([빵꾸1]   ) 가스로 취급

(4) 수소와 염소가 혼합하면 폭발성을 가짐(염소폭명기)

(5) 염소제조 : 수은법, 격막법

5 암모니아 성질

(1) 상온에서 자극이 강한 냄새를 가진 ([빵꾸2]   )색의 기체

(2) 물에 잘 용해됨

(3) 독성이면서 가연성인 가스

(4) 암모니아 제법
   하버보시법 : $N_2 + 3H_2 \rightarrow 2NH_3 + 23$ kcal
   ① 고압법 : 클로드법, 카자레법
   ② 중압법 : IG법, JCI법, 동고시법, 뉴파우더법
   ③ 저압법 : 구우데법, 케로그법

   암 ① 고급카레, ② 중아재동고료, ③ 저구케로그

메꿈 ① 조연성 ② 무

6 일산화탄소 성질

(1) 무미, 무취, 무색의 기체

(2) 독성이 강하며 환원성의 가연성 기체

(3) 물에는 잘 녹지 않으며 알코올에 녹음

(4) ([빵꾸1])과 반응하면 금속 카르보닐을 생성

> 압 일산페닉

(5) 카르보닐 방지금속 : Cu, Ag, Al

7 이산화탄소 성질

(1) 무미, 무취, 무색의 기체

(2) 무독성의 불연성 기체

(3) 물에는 녹기 어려움

8 액화석유가스 성질

(1) 프로판, 부탄, 프로필렌, 부틸렌 등을 주성분으로 한 탄화수소

(2) 기화 및 액화가 쉬움

(3) 공기보다 ([빵꾸2]) 물보다 가벼움 (누설 시 ([빵꾸3]) 곳으로 모여 인화할 가능성이 있음)

(4) 폭발성이 있음

(5) 연소 시 다량의 공기 필요

(6) 무색, 무취인 가스(부취제 메르캅탄 첨가)

(7) 기화하면 체적이 커짐(프로판은 약 250배, 부탄은 약 230배)

(8) 증발 잠열(기화열)이 큼

메꿈 ① 금속(Fe, Ni) ② 무겁고 ③ 낮은

(9) 온도 상승에 따라 액체 체적이 커지므로 용기는 ([빵꾸1]   )℃를 넘지 않을 것

(10) 발화점이 다른 연료보다 높으므로 안전성이 있음

(11) 발열량이 ([빵꾸2]   ) (12000 kcal/kg)

(12) 연소 시 많은 공기가 필요

프로판 C_3H_8	$C_3H_8 + 5O_2 \rightarrow 3CO_2 + 4H_2O$
부탄 C_4H_{10}	$2C_4H_{10} + 13O_2 \rightarrow 8CO_2 + 10H_2O$

(13) 폭발범위가 좁음

9 액화천연가스

메탄(CH_4)가스가 주성분이며, 약간의 에탄과 황화수소, 이산화탄소, 부탄, 펜탄이 있음

(1) 도시가스, 발전용, 공업용 연료로 사용

(2) 액화산소, 액화질소 제조

(3) 냉동창고, 냉동식품 등 한랭 이용

(4) 메탄올, 암모니아 냉각 등 화학 공업 원료

10 아세틸렌 성질

(1) 3중 결합을 가진 무색의 탄화수소

(2) 자기분해를 일으켜 수소와 탄소로 분해

(3) ([빵꾸3]   ), 수은(Hg), 은(Ag) 등의 금속과 결합하여 금속 아세틸라이드 생성

암 아구 수은아

메꿈   ① 40   ② 큼   ③ 구리(Cu)

⑷ 습식아세틸렌 발생기 표면온도는 70 ℃ 이하로 유지

⑸ 아세틸렌을 2.5 MPa 압력으로 압축 시 메탄, 일산화탄소, 에틸렌, 질소 등의 희석제 첨가

⑹ 아세틸렌의 용제는 아세톤 25배, 알코올 6배, 벤젠 4배, 석유에 2배가 용해

⑺ 아세틸렌 자연발화온도 : 406 ~ 408 ℃

⑻ 역화방지기 : 역화방지기 내부에 페로실리콘이나 물, 모래, 자갈 사용

⑼ 아세틸렌가스 용제 : ([빵꾸1]   ), ([빵꾸2]   )

⑽ 아세틸렌가스를 용제에 침윤시킨 다공도 : ([빵꾸3]   )

암 아 실어구미호

⑾ 다공도(%) = [(V-E)/V] × 100
(V : 다공 물질 용적, E : 아세톤 침윤시킨 전용적)

⑿ 충전 중의 압력은 25 kg/cm² 이하로 할 것 [2.5 MPa]

⒀ 충전 후의 압력은 15 ℃에서 15.5 kg/cm² 이하로 할 것 [1.5MPa]

⒁ 충전 후 ([빵꾸4]   ) 정치할 것

⒂ 분해 폭발을 방지하기 위해 메탄, 일산화탄소, 질소, 수소 등의 안정제를 첨가할 것

11 메탄(CH_4)

⑴ 공기 중에서 잘 연소함

⑵ 담청색의 화염을 냄

⑶ 염소와 반응하여 염소화합물 생성

메꿈 ① 아세톤 ② 디메틸포름아미드(DMF) ③ 75 ~ 92 % 이하 ④ 24시간

12 에틸렌(C_2H_4)

(1) 물에 녹지 않으며 무색의 달콤한 냄새를 가진 가스

(2) 중합반응을 일으킴

13 포스겐($COCl_2$)

(1) 무색의 황록색이며 자극적인 냄새를 가진 ([빵꾸1]   )가스

(2) 유독하고 부식성이 있는 가스 생성

14 산화에틸렌(C_2H_4O)

(1) 상온에서 무색가스이며 고농도에서 자극적 냄새

(2) 액체는 안정하나 기체는 중합 및 분해폭발

(3) 가연성이며 독성인 가스 (허용 농도 50 ppm)

15 시안화수소(HCN)

(1) 무색의 독성이 강하며 복숭아냄새가 나는 휘발하기 쉬운 가스

(2) 장기간 저장 시 중합하여 암갈색의 폭발성 고체가 됨 ([빵꾸2]   )일 이내 저장)

(3) 폭발범위는 6 ~ 41 %, 순도 98 % 이상, 즉 수분이 2 % 이상 있어서는 안 됨

(4) 중합을 방지하는 안정제로 황산, 염화칼슘, 인산, 오산화인, 동망 등이 있음

메꿈   ① 유독   ② 60

가스이름	허용농도(ppm) TLV-TWA	허용농도(ppm) LC 50
이산화황	10	2520
요오드화수소	0.1	2860
모노메틸아민	10	7000
디에틸아민	5	11100
염소	1	293
염화수소	5	3120
불화수소	3	966
황화수소	10	712
브롬화메탄	20	850
암모니아	25	7338
일산화탄소	50	3760
산화에틸렌	50	2900
디보레인	0.1	80
세렌화수소	0.05	2
불소	0.1	185
시안화수소	10	140
알진	0.05	20
포스겐	0.1	5
니켈카르보닐	-	35
포스핀	0.3	20
오존	0.1	9

CHAPTER 03 고압가스

1 종류 및 범위

(1) 압축가스 : 상용 온도에서 1 MPa 이상

(2) 아세틸렌가스 : 섭씨 ([빵꾸1]   )℃ 온도에서 압력이 0 Pa 초과

(3) 액화가스 : 상용 온도에서 압력이 0.2 MPa 이상

(4) 액화 시안화수소, 액화 브롬화메탄, 액화 산화에틸렌 : 섭씨 35 ℃ 온도에서 압력이 0 Pa 초과

2 가스 종류

(1) 가연성 가스 : 공기 중에서 연소하는 가스로서 폭발한계의 하한이 ([빵꾸2]   ) % 이하인 것과 폭발한계의 상한과 하한의 차가 ([빵꾸3]   ) % 이상인 연소하는 가스

(2) 독성가스 : 독성을 가진 가스로, 허용농도가 100만분의 5,000 (5000 ppm) 이하인 것

⇒ 성숙한 흰쥐 집단에게 대기 중 1시간 동안 노출시킨 경우 14일 이내에 그 쥐의 ([빵꾸4]   )이 죽게 되는 가스 농도

(3) 액화가스 : 대기압에서 비점이 40 ℃ 이하 또는 상용 온도 이하인 액체 상태의 가스

(4) 특수고압가스 : 특수한 용도에 사용되는 고압가스

⇒ 압축모노실란, 액화안진, 포스핀, 세렌화수소, 게르만, 반도체 세정

메꿈   ① 15 ② 10 ③ 20 ④ 2분의 1 이상

3 독성가스 제독제

가스	제독제
염소	• ([빵꾸1]) - 670 kg • ([빵꾸2]) - 870 kg • ([빵꾸3]) - 620 kg
포스겐	• 가성소다수용액 - 390 kg • 소석회 - 360 kg
([빵꾸4])	• 가성소다수용액 - 1140 kg • 탄산소다수용액 - 1500 kg
시안화수소	• 가성소다수용액
([빵꾸5])	• 가성소다수용액 - 530 kg • 탄산소다수용액 - 700 kg • 물
암모니아, 산화에틸렌, 염화메탄	• ([빵꾸6])

암 염가탄소, 포가소, 황가탄, 시가, 아가탄물, 암산염물

메꿈 ① 가성소다수용액 ② 탄산소다수용액 ③ 소석회 ④ 황화수소 ⑤ 아황산가스 ⑥ 다량의 물

4 탱크 및 용기

(1) 초저온저장탱크 : 영하 ([빵꾸1]) ℃ 이하의 액화가스를 저장하기 위한 탱크

(2) 초저온용기 : 영하 ([빵꾸2]) ℃ 이하의 액화가스를 충전하기 위한 용기

(3) 가연성가스 저온저장탱크 : 대기압에서 비점이 0 ℃ 이하인 가스를 상용압력 0.1 MPa 이하의 액체상태로 저장하기 위한 탱크

5 용어

(1) 처리 능력 : 처리설비 또는 감압설비에 의하여 압축·액화나 그 밖의 방법으로 1일에 처리할 수 있는 가스의 양이 0 ℃, 게이지압력 0 MPa 상태 기준

(2) 방화벽 : 높이 2 m 이상, 두께 12 cm 이상의 철근콘크리트 또는 이와 같은 수준 이상의 강도를 가지는 구조의 벽

(3) 특정설비
  ① 안전밸브·긴급차단장치·역화방지장치
  ② 독성가스배관용 밸브
  ③ 특정고압가스용 실린더캐비닛
  ④ 기화장치
  ⑤ 압력용기
  ⑥ 자동차용 가스 자동주입기
  ⑦ 액화석유가스용 용기 잔류가스회수장치

(4) 시공기록 작성·보존 : 5년간 보존해야 하며, 완공된 도면은 영구히 보존

메꿈   ① 50 ② 50

6 고압가스 저장능력 산정 기준

(1) 고압가스 저장탱크

저장탱크 $W = 0.9dV$

W : 저장능력(m^3)
V : 내용적(L)
d : 상용온도에서의 액화가스 비중(kg/L)

(2) 고압가스의 용기 및 차량에 고정된 탱크

탱크 $W = V/C$

C : 액화가스 정수
프로판 : 2.35
부탄 : 2.05
암모니아 : 1.86
이산화탄소 : 1.34
질소 : 1.47

7 냉동능력 1톤

(1) 원심식 압축기를 사용하는 냉동설비 : 압축기 원동기의 정격출력
  ([빵꾸1]) kW/일

(2) 흡수식 냉동설비 : 발생기를 가열하는 1시간의 입열량 ([빵꾸2]) kcal/일

메꿈 ① 1.2 ② 6,640

8 보호시설

(1) 제1종 보호시설

① 학교 · 유치원 · 어린이집 · 놀이방 · 어린이놀이터 · 학원 · 병원 · 도서관 · 청소년수련시설 · 경로당 · 시장 · 공중목욕탕 · 호텔 · 여관 · 극장 · 교회 및 공회당

② 사람을 수용하는 건축물로 독립된 부분의 연면적이 (〔빵꾸1〕   ) m^2 이상인 것

③ 예식장 · 장례식장 및 전시장, 유사한 시설로서 (〔빵꾸2〕   )명 이상 수용할 수 있는 건축물

④ 아동복지시설 또는 장애인복지시설로서 (〔빵꾸3〕   )명 이상 수용할 수 있는 건축물

⑤ 문화재보호법에 따라 지정문화재로 지정된 건축물

(2) 제2종 보호시설

① 주택

② 사람을 수용하는 건축물로 독립된 연면적 100 m^2 이상 1,000 m^2 미만

메꿈 ① 1,000   ② 300   ③ 20

9 고압가스 제조시설 및 기준

(1) 이격거리 [m 이상]

처리능력 및 저장능력	산소 처리·저장설비		독성, 가연성 가스 처리·저장설비		그 밖의 가스 처리·저장설비	
	제1종 보호시설	제2종 보호시설	제1종 보호시설	제2종 보호시설	제1종 보호시설	제2종 보호시설
1만 이하	12	8	17	12	8	5
1만 ~ 2만	14	9	21	14	9	7
2만 ~ 3만	16	11	24	16	11	8
3만 ~ 4만	18	13	27	18	13	9
4만 ~ 5만	20	14	30	20	14	10
5만 ~ 99만	-	-	30	20	-	-

(처리능력 및 저장능력 범위 : ~초과 ~이하)

① 단위 : 압축가스는 m^3, 액화가스는 kg
② 동일사업소 안에 2개 이상의 처리설비 또는 저장설비가 있는 경우 그 처리능력, 저장능력별로 각각 안전거리를 유지할 것
③ 가연성가스 저온저장탱크의 경우

- 5만 초과 99만 이하의 경우 제1종은 $\frac{3}{25}\sqrt{X+10000}\,[m]$, 제2종은 $\frac{2}{25}\sqrt{X+10000}\,[m]$
- 99만 초과의 경우 제1종 120 m, 제2종 80 m

④ 산소 및 그 밖의 가스는 4만 초과까지

(2) 우회거리
① 가스설비 또는 저장설비와 화기를 취급하는 장소 : ([빵꾸1]) m
② 가연성가스 또는 산소의 가스설비 또는 저장설비 : 8 m

메꿈 ① 2

(3) 용기보관장소 주위 ([빵꾸1]   ) m 이내 화기 또는 인화성 물질이나 발화성 물질을 두지 않을 것

(4) 충전용기와 잔가스용기는 각각 구분하여 용기보관장소에 놓을 것

(5) 용기보관장소에는 계량기 등 작업에 필요한 물건 외에는 두지 않을 것

(6) 충전용기는 항상 ([빵꾸2]   ) ℃ 이하의 온도를 유지하고, 직사광선을 받지 않도록 할 것

(7) 가연성가스 저장탱크와 다른 가연성가스 저장탱크 또는 산소저장탱크 사이에는 두 저장탱크 최대지름을 더한 길이의 4분의 1 이상의 거리를 유지할 것

(8) 가연성가스 보관장소에 방폭형 휴대용 손전등 외의 등화를 지니고 들어가지 않을 것

(9) 충전용기(내용적 5 L 이하인 것은 제외)에는 넘어짐 등에 의한 충격 및 밸브의 손상을 방지하는 등의 조치를 하고 난폭한 취급을 하지 않을 것

(10) 가연성가스 제조시설의 고압가스설비는 그 외면으로부터 다른 가연성가스 제조시설의 고압가스설비와 5 m, 산소 제조시설의 고압가스설비와 10 m 이상의 거리 유지

(11) 가연성가스(([빵꾸3]   ), 브롬화 메탄 및 공기 중에서 자기 발화하는 가스는 제외한다)의 가스설비 중 전기설비는 그 설치장소 및 그 가스의 종류에 따라 적절한 방폭성능을 가지는 것일 것

메꿈   ① 2   ② 40   ③ 암모니아

10 고압가스 압축 금지사항

(1) 가연성가스(아세틸렌, 에틸렌 및 수소는 제외) 중 산소용량이 전체 용량의 4 % 이상인 것

(2) 산소 중 가연성 가스의 용량이 전체 용량의 4 % 이상인 것

(3) 아세틸렌, 에틸렌 또는 수소 중의 산소용량이 전체 용량의 2 % 이상인 것

(4) 산소 중 아세틸렌, 에틸렌 및 수소의 용량 합계가 전체 용량의 2 % 이상인 것

11 순도 유지 기준

(1) 산소 : ([빵꾸1]   ) % : 동, 암모니아 시약 (오르자트법)

(2) 아세틸렌 : ([빵꾸2]   ) % : 발연황산 (오르자트법), 브롬 시약 (뷰렛법), 질산은 시약 (정성법)

(3) 수소 : ([빵꾸3]   ) % : 피로카롤 하이드로설파이드 시약

> 암 산구구오, 아구팔, 쓰구팔어

12 고압가스 점검기준

(1) 고압가스 제조설비 사용개시 전, 후 1일 1회 이상 점검

(2) 충전용 주관 압력계는 매월 1회 이상, 그 밖은 3개월에 1회 이상

(3) 안전밸브 중 압축기의 최종단에 설치한 것은 1년에 1회 이상, 그 외는 2년에 1회 이상

메꿈   ① 99.5   ② 98   ③ 98.5

13 저장설비 기준

(1) 저장량 5 m³ 이상 가스 저장 : 가스방출장치 설치

(2) 저장능력 300 m³ 또는 ([빵꾸1]   )톤 이상인 가연성가스 또는 산소 저장탱크 사이

: 두 저장탱크 최대지름의 ([빵꾸2]   ) 이상의 거리 유지

14 기타 기준

(1) 안전밸브 또는 방출밸브에 설치된 스톱밸브는 그 밸브의 수리 등을 위하여 특별히 필요한 때를 제외하고는 항상 완전히 열어 놓을 것

(2) 화기를 취급하는 곳이나 인화성 물질 또는 발화성 물질이 있는 곳 및 그 부근에서는 가연성가스를 용기에 충전하지 않을 것

(3) 차량에 공개된 탱크 내용적 ([빵꾸3]   ) L 이상인 것에는 고압가스를 충전하거나 그로부터 가스를 이입받을 때는 차량정지목을 설치하는 등 차량이 고정되도록 할 것

(4) 지상에 설치된 저장탱크와 가스충전장소 사이에는 방호벽을 설치할 것

15 방호벽 기준

종류	두께	높이
철근콘크리트	([빵꾸4]) cm 이상	([빵꾸6])m 이상
콘크리트 블록	15 cm 이상	
박강판	([빵꾸5]) mm 이상	
후강판	6 mm 이상	

메꿈 ① 3 ② 1/4 ③ 2,000 ④ 12 ⑤ 3.2 ⑥ 2

16 방호벽 설치 장소

(1) 아세틸렌 압축기와 충전용기 보관장소 사이

(2) 아세틸렌 압축기와 충전용 주관 밸브 조작장소 사이

(3) 압축가스 압축기와 충전장소 사이

(4) 압축가스 압축기와 충전용기 보관장소 사이

(5) 판매시설의 용기 보관실벽

17 역류방지밸브 설치장소

(1) 가연성 가스 압축기와 충전용 주관 사이

(2) 아세틸렌 압축기의 유분리기와 고압건조기 사이

(3) 감압설비와 당해가스의 반응설비 간의 배관 사이

18 역화방지장치 설치장소

(1) 가연성 가스를 압축하는 압축기와 오토클레이브 사이

(2) 아세틸렌의 고압 건조기와 충전 교체밸브 사이 배관

(3) 아세틸렌 충전용 지관

(4) 수소화염 또는 산소, 아세틸렌화염 사용 시설

19 2중 배관 사용 독성가스

포스겐, 황화수소, 시안화수소, 염소, 아황산가스, 산화에틸렌, 암모니아, 염화메탄

20 액화천연가스 자동차 충전

(1) 안전거리

저장설비 저장능력	사업소 경계와의 안전거리
25톤 이하	10 m
25톤 초과 50톤 이하	15 m
50톤 초과 100톤 이하	25 m
100톤 초과	40 m

(2) 차량에 고정된 탱크 내용적이 ([빵꾸1]   ) L 이상인 액화천연가스 이입 : 차량 정지목 사용

(3) 배관 온도는 항상 40 ℃ 이하 유지

(4) 저장탱크 내용적 ([빵꾸2]   ) % 넘지 않을 것

(5) 충전용 지관 가열 시 열습포 또는 40 ℃ 이하의 물 사용

(6) 충전설비는 1일 1회 이상 점검할 것

(7) 충전용 주관 압력계는 매월 1회 이상 검사할 것(그 밖의 압력계는 3개월에 1회 이상)

(8) 안전밸브는 1년에 1회 이상 적절한 조건의 압력에서 작동하도록 조정할 것

(9) 처리설비·압축가스설비 및 충전설비는 지상에 설치할 것

21 고압가스 저장기준

(1) 저장탱크 내진성능 확보 대상 : 저장능력 5 톤 또는 500 m³ 이상
   ⇒ 가연성 또는 독성 가스가 아닌 경우 : 10 톤 또는 1,000 m³ 이상

메꿈 ① 5,000 ② 90

(2) 가스설비 또는 저장설비는 그 외면으로부터 화기 취급 장소까지 2 m 이상 우회거리

⇒ 가연성가스 또는 산소의 가스설비 또는 저장설비 : 8 m 이상 우회거리

(3) 용기보관장소 주위 2 m 이내에 화기 또는 인화성물질이나 발화성물질을 두지 않을 것

(4) 압력계는 3개월에 1회 이상 표준이 되는 압력계로 기능을 검사할 것

(5) 안전밸브 중 압축기 최종단에 설치한 것은 1년에 1회 이상, 그 밖의 안전밸브는 2년에 1회 이상 조정하여 적절한 압력 이하에서 작동되도록 점검할 것

22 특정고압가스

(1) 가스설비 또는 저장설비는 그 외면으로부터 화기 취급 장소까지 8 m 이상 우회거리

(2) 산소 저장설비 주위 5 m 이내에는 화기 취급 금지

23 시안화수소(HCN)

(1) 순도 : ([빵꾸1]   ) % 이상

(2) 안정제 : 황산, 동망, 오산화인, 염화칼슘, 인산, 아황산가스

(3) 용기충전 후 ([빵꾸2]   )시간 정치 후 1일 1회 이상 초산구리벤젠지 등으로 가스 누출 검사

(4) 충전 후 ([빵꾸3]   )일 초과 전 다른 용기에 옮겨 충전

메꿈　① 98　② 24　③ 60

24 산화에틸렌

(1) 저장탱크 : 내부에 질소가스, 탄산가스 등으로 치환하고 5 ℃ 이하로 유지

(2) 저장탱크 및 충전용기에는 45 ℃ 0.4 MPa 이상이 되도록 질소 또는 탄산가스를 충전

25 아세틸렌

(1) 2.5 MPa 압력으로 압축 시 첨가하는 희석제 : 프로판, 메탄, 에틸렌, 질소, 수소, 일산화탄소, 이산화탄소

(2) 습식아세틸렌 발생기 표면온도 : ([빵꾸1]   ) ℃ 이하

(3) 아세틸렌 용기 다공도 : ([빵꾸2]   ) % 이상 ([빵꾸3]   ) % 미만

(4) 아세틸렌 용제 : ([빵꾸4]   ), ([빵꾸5]   )

26 기준

(1) 누출된 고압가스가 체류하지 않도록 환기구를 갖출 것

(2) 용기보관실 벽은 방호벽으로 할 것

(3) 용기보관실에는 독성가스를 흡수·중화하는 설비와 연동되도록 경보장치 설치할 것

(4) 독성가스가 누출되었을 경우 흡수·중화설비 갖출 것

27 용기보관 장소

(1) 충전용기와 잔가스용기는 각각 구분하여 용기보관 장소에 놓을 것

(2) 용기보관장소 주위 2 m 이내에 화기 또는 인화성물질이나 발화성물질을 두지 않을 것

메꿈 ① 70 ② 75 ③ 92 ④ 아세톤 ⑤ 다이메틸폼아마이드

(3) 충전용기는 항상 40 ℃ 이하의 온도를 유지하고, 직사광선을 받지 않도록 조치할 것

(4) 충전 용기 밸브 또는 배관을 가열할 때는 열습포나 40 ℃ 이하의 더운 물을 사용

(5) 충전용기는 서서히 개폐할 것

(6) 넘어짐 등으로 인한 충격 방지 조치를 하며 사용 후 밸브를 잠가둘 것

28 용기 재검사기간

용기 종류		신규 검사 후 경과 연수에 따른 재검사 주기		
		15년 미만	15년 이상 20년 미만	20년 이상
용접용기	500 L 이상	5년마다	2년마다	1년마다
	500 L 미만	3년마다	2년마다	1년마다
LPG용 용접용기	500 L 이상	5년마다	2년마다	1년마다
	500 L 미만	5년마다		2년마다
이음매 없는 용기	500 L 이상	([빵꾸1])		
	500 L 미만	신규검사 후 10년 이하 : 5년마다 초과 : ([빵꾸2])		
LPG 복합재료용기		5년마다		

29 고압가스 운반기준

(1) 충전용기는 차량에 세워서 적재하여 운반할 것

(2) 독성가스를 운반하는 차량에는 일반인이 쉽게 알아볼 수 있도록 붉은 글씨로 "위험 고압가스" 및 "독성가스"라는 경계표시와 전화번호를 표시할 것

메꿈 ① 5년 마다 ② 3년 마다

(3) 차량에 고정된 탱크

차량에 고정된 탱크 운반차량	가연성가스 및 산소 (LPG 제외)	([빵꾸1]) L
	독성가스 (암모니아 제외)	([빵꾸2]) L

(4) 고압가스를 200 km 이상의 거리를 운반할 때는 운반책임자를 동승시킴

[운반책임자 동승기준]

액화가스	독성가스	([빵꾸3]) kg 이상
	가연성가스	3,000 kg 이상
	조연성가스	6,000 kg 이상
압축가스	독성가스	100 m³ 이상
	가연성가스	300 m³ 이상
	조연성가스	([빵꾸4]) m³ 이상

(5) 주밸브 설치

① 후부취출식 : 후범퍼와 수평 거리 ([빵꾸5]) cm 이상

② 후부 취출식 이외 : 후범퍼와 수평 거리 ([빵꾸6]) cm 이상

③ 조작상자 설치시 : 후범퍼와 수평 거리 ([빵꾸7]) cm 이상

(6) 혼합 적재 금지

① 염소와 아세틸렌

② 염소와 암모니아

③ 염소와 수소

메꿈 ① 1만 8천 ② 1만 2천 ③ 1,000 ④ 600 ⑤ 40 ⑥ 30 ⑦ 20

30 차량에 고정된 탱크 재검사 주기

15년 미만	15년 이상 20년 미만	20년 이상
5년마다	2년마다	1년마다

31 기타 설비 재검사 주기

	저장탱크	5년마다(재검사 불합격 : 3년)
기화장치	저장탱크와 함께 설치한 것	검사 후 2년 경과하여 해당 탱크 재검사 시
	저장탱크 설치하지 않은 것	3년마다
안전밸브 및 긴급차단장치		검사 후 2년 경과하여 해당 안전밸브 또는 긴급차단장치가 설치된 저장탱크 또는 차량에 고정된 탱크 재검사 시
압력용기		4년마다

32 불합격 용기 및 특정 설비 파기

(1) 절단 등의 방법으로 파기하여 원형으로 가공할 수 없도록 할 것

(2) ([빵꾸1]   )는 전부 제거한 후 절단할 것

(3) 검사신청인에게 통지하고 파기할 것

(4) 파기할 때는 검사장소에서 검사원이 직접 실시하게 하거나 검사원 입회하에 용기 및 특정설비 사용자로 하여금 실시하게 할 것

33 불합격 용기 및 특정 설비 파기

(1) 절단 등의 방법으로 파기하여 원형으로 가공할 수 없도록 할 것

(2) 잔가스는 전부 제거한 후 절단할 것

메꿈 ① 잔가스

(3) 검사신청인에게 통지하고 파기할 것

(4) 파기할 때는 검사장소에서 검사원이 직접 실시하게 하거나 검사원 입회하에 용기 및 특정설비 사용자로 하여금 실시하게 할 것

34 용기 각인 표시

내압시험압력	TP
최고충전압력	([빵꾸1])
내용적	V
용기 질량	W

35 일반가스 용기 도색

가스종류	도색	가스종류	도색
액화염소	([빵꾸2])	암모니아	백색
액화탄산가스	청색	아세틸렌	([빵꾸3])
산소	녹색	질소	회색
액화석유가스	회색	수소	([빵꾸4])

> 암 일반가스 : 염갈, 암백, 탄청, 아황, 산녹, 질회, 석회, 수주

36 의료용가스 용기 도색

가스종류	도색	가스종류	도색
사이클로프로판	주황색	헬륨	([빵꾸5])
에틸렌	자색	산소	백색
질소	흑색	액화탄산가스	회색
아산화질소	청색	그 밖의 가스	회색

> 암 의료용 가스 : 사주, 헬갈, 에자, 산백, 질흑, 탄회, 아청

매꿈 ① FP ② 갈색 ③ 황색 ④ 주황색 ⑤ 갈색

37 용기종류별 부속품

설비	기호
아세틸렌가스용	([빵꾸1])
압축가스용	PG
액화석유가스용	LPG
저온 및 초저온가스용	([빵꾸2])
그 밖의 가스용	([빵꾸3])

38 용기 시험 기준

용기 내압시험	아세틸렌 용기	최고충전압력 3배
	아세틸렌 이외의 압축가스와 액화가스 용기	최고충전압력 5/3배
용기 기밀시험	([빵꾸4]) 용기	최고충전압력 1.8배
	초저온 및 저온가스 용기	최고충전압력 1.1배
	기타 가스용기	최고충전압력 이상

39 에어졸 용기

(1) 온수시험 탱크는 46 ℃ 이상 50 ℃ 미만에서 에어졸의 누설이 없을 것

(2) 35 ℃에서 내압이 0.8 MPa 이하 및 내용적의 ([빵꾸5]) % 이하로 충전할 것

(3) 50 ℃에서 용기 내의 가스 압력의 1.5배로 가압 시 변형이 없고 50 ℃에서 용기 내 가스 압력의 1.8배로 가압 시엔 파열되지 않을 것

(4) 인체에서 거리 20 cm 이상 유지하여 사용할 것

메꿈 ① AG ② LT ③ LG ④ 아세틸렌 ⑤ 90

40 용기 제조

(1) 노내 용기 가열시 각부 온도차가 25 ℃ 이하가 되도록 유지

(2) V가 250 L 미만인 경우 자동 용접 설비

(3) V가 125 L인 LPG 용기는 자동 부식 방지 도장 설비

구분	C	P	S
계목	0.33 %	0.04 %	0.05 %
무계목	0.55 %	0.04 %	0.05 %

(4) 탄소, 인, 황 : 취성의 원인

(5) 용기 동판의 두께 차는 평균 두께의 20 % 이하로 할 것

(6) 초저온 용기는 오스테나이트계 STS강이나 Al 합금으로 할 것

(7) 용접 용기 동판 두께는 3.2 ~ 3.6 mm 철판 사용

(20 L 이상 ~ 125 L 미만)

(8) 동판 두께 계산식

$$t = \frac{PD}{2S\eta - 1.2P} + C$$

t : 두께[mm], P : 최고충전압력[MPa], S : N/mm^2

D : 내경[mm], S : 재료의 허용 응력[N/mm^2] = 인장강도 $\times \frac{1}{4}$

η : 용접 효율, C : 부식 여유 수치[mm]

CHAPTER 04 | 액화석유가스

1 용어

(1) 액화석유가스 : 프로판이나 부탄을 주성분으로 한 가스를 액화한 것

(2) 저장설비 : 액화석유가스를 저장하기 위해 지상 또는 지하에 고정 설치된 탱크 ⇒ 저장능력이 ([빵꾸1]   )톤 이상인 탱크

(3) 소형저장탱크 : 저장능력이 ([빵꾸2]   )톤 미만인 탱크

(4) 충전용기 : 가스 충전 질량의 2분의 1 이상이 충전되어 있는 상태의 용기

(5) 잔가스 용기 : 가스 충전 질량의 ([빵꾸3]   ) 미만이 충전되어 있는 상태의 용기

2 저장 능력 기준

액화석유가스 판매업자	저장능력 10톤 이하
액화석유가스 저장소	내용적 1 L 미만 : 500 kg
	저장설비 : 5톤 이상

3 충전 시설 기준

(1) 저장설비 및 가스설비는 화기를 취급하는 장소까지 : ([빵꾸4]   ) m 이상 우회거리 유지

메꿈   ① 3   ② 3   ③ 2분의 1   ④ 8

(2) 충전시설 중 저장설비는 그 외면으로부터 사업소경계까지 다음 표에 따른 거리 이상을 유지할 것

저장능력	사업소경계와 거리
10톤 이하	24 m
10톤 초과 20톤 이하	27 m
20톤 초과 30톤 이하	([빵꾸1])
30톤 초과 40톤 이하	33 m
40톤 초과 200톤 이하	36 m
200톤 초과	39 m

※ 액화석유가스 충전시설 중 충전설비는 그 외면으로부터 사업소경계까지 24 m 이상을 유지할 것

(3) 저장능력

$$W = 0.9dV$$

W : 저장탱크의 저장능력(kg)
d : 액화석유가스 비중(kg/L)
V : 저장탱크 내용적(L)

(4) 충전량

$$G = \frac{V}{C}$$

G : 액화석유가스 질량(kg)
C : 프로판(2.35), 부탄(2.05)
V : 저장용기 내용적(L)

(5) 사업소 부지는 한 면이 폭 8 m 이상의 도로에 접할 것
(6) 자동차에 고정된 탱크 이·충전장소에는 정차위치를 지면에 표시하며 그 중심으로부터 사업소경계까지 24 m 이상 유지할 것
(7) 가스 충전 시 가스 용량이 저장탱크 내용적 90 %를 넘지 않을 것

메꿈 ① 30 m

⑻ 자동차에 고정된 탱크는 저장탱크 외면으로부터 3 m 이상 떨어져 정지할 것

⑼ 액화석유가스는 공기 중 혼합비율 용량이 1/1,000의 상태에서 냄새로 감지할 것

⑽ 자동차에 고정된 탱크(내용적이 5,000L 이상인 것에 한함)로부터 가스를 이입받을 때에는 자동차가 고정되도록 자동차 정지목 등을 설치한다.

4 충전용기 보관기준

⑴ 작업에 필요한 물건 외에는 비치하지 않을 것

⑵ 용기보관장소 주위 8 m 이내에는 화기 또는 인화성·발화성 물질을 두지 않을 것

⑶ 충전용기는 항상 40 ℃ 이하를 유지하며, 직사광선을 받지 않을 것

⑷ 용기보관장소에 충전용기와 잔가스용기를 각각 구분하여 둘 것

5 저장설비와 충전설비 외면으로부터 보호시설까지의 안전거리

저장능력	제1종보호시설	제2종보호시설
10 톤 이하	17 m	12 m
10 톤 초과 20 톤 이하	21 m	14 m
20 톤 초과 30 톤 이하	24 m	16 m
30 톤 초과 40 톤 이하	27 m	18 m
40 톤 초과	30 m	20 m

6 소형저장탱크 사이 거리

소형저장탱크 충전질량	탱크 간 거리
1,000 미만	0.3 m 이상
1,000 이상 2,000 미만	0.5 m 이상

7 폭발방지장치를 설치한 것으로 보는 경우

(1) 물분무장치나 소화전을 설치한 저장탱크

(2) 저온저장탱크로서 단열재의 두께가 해당 탱크 주변 화재를 고려하여 설계된 저장탱크

(3) 지하에 매몰하여 설치하는 저장탱크

8 피해저감설비기준

(1) 가스용 폴리에틸렌관은 노출배관으로 사용 금지

(2) 1년에 1회 이상 정기적으로 침하상태를 측정할 것

(3) 배관 온도는 항상 40 ℃ 이하로 유지할 것

(4) 소형저장탱크 주위 밸브 조작은 수동 조작할 것

(5) 가스 충전 시 탱크 내용적의 90 %를 넘지 않을 것

(6) 설비에 대한 작동상황은 ([빵꾸1]   )이상 점검할 것

(7) 안전밸브는 1년에 1회 이상 설정 압력 이하의 압력에서 작동하도록 조정할 것

9 액화석유가스 판매, 충전 영업소

(1) 사업소 부지는 한 면이 폭 4 m 이상 도로에 접할 것

(2) 판매업소 용기보관실 벽은 방호벽으로 할 것

(3) 용기보관실과 사무실은 동일 부지에 구분하여 설치할 것

(4) 용기보관실은 누출된 가스가 사무실로 유입되지 않는 구조로 할 것

(5) 용기보관실은 ([빵꾸2]   ) 재료로 사용할 것

(6) 용기보관실 벽은 방호벽으로 할 것

> **메꿈** ① 1일 1회 ② 불연성

10 액화석유가스 사용시설

(1) 저장능력과 화기와의 우회거리

저장능력	화기와 우회거리
1 톤 미만	2 m 이상
1 톤 이상 3 톤 미만	5 m 이상
3 톤 이상	8 m 이상

(2) 사용시설 저장설비 용기는 저장능력이 500 kg 이하일 것

(3) 소형저장탱크와 기화장치 주위 5 m 이내에서 화기 사용 금지할 것

(4) 가스계량기 설치 높이는 바닥으로부터 ([빵꾸1]   )에 고정할 것

(5) 입상관에 부착된 밸브는 바닥으로부터 ([빵꾸2]   )에 설치할 것

(6) 가스용 폴리에틸렌관은 노출배관으로 사용하지 않을 것
    ⇒ 지상배관과 연결하기 위해서는 지면 30 cm 이하 사용 가능

(7) 가스보일러 설치시공확인서는 5년간 보존할 것

(8) 배관의 고정 부착

관지름 13 mm 미만	([빵꾸3]) m 마다
관지름 13 mm 이상 33 mm 미만	2 m 마다
관지름 33 mm 이상	([빵꾸4]) m 마다

(9) 가스계량기와의 거리

전기계량기 및 전기개폐기	([빵꾸5]) cm 이상
굴뚝·전기점멸기 및 전기 접속기	30 cm 이상
절연조치를 하지 않은 전선	([빵꾸6]) cm 이상

메꿈 ① 1.6 m 이상, 2 m 이하 ② 1.6 m 이상, 2 m 이내 ③ 1 ④ 3 ⑤ 60 ⑥ 15

11 액화석유가스 검사

(1) 품질검사

생산공장 또는 수입기지의 액화석유가스	월 1회 이상
그 밖의 저장시설에 보관 중인 액화석유가스	분기 1회 이상

(2) 자체검사 : 주 1회 이상 실시
   (다만, 공장 밖 저장시설의 액화석유가스는 월 1회 이상)

12 압력조정기

(1) 입구압력과 조정압력

조정기 종류	입구압력(MPa)	조정압력(kPa)
1단감압식 저압조정기	0.07 ~ 1.56	2.3 ~ 3.3
1단감압식 준저압조정기	0.1 ~ 1.56	5.0 ~ 30.0
2단감압식 1차용 조정기 (용량 100 kg/h 이하)	0.1 ~ 1.56	57 ~ 83
2단감압식 1차용 조정기 (용량 100 kg/h 초과)	0.3 ~ 1.56	57 ~ 83
2단감압식 2차용 저압조정기	0.01 ~ 0.1 0.025 ~ 0.1	2.3 ~ 3.3
2단감압식 2차용 준저압조정기	조정압력 이상 ~ 0.1	5.0 ~ 30.0
자동절체식 일체형저압조정기	0.1 ~ 1.56	2.55 ~ 3.30
자동절체식 일체형준저압조정기	0.1 ~ 1.56	5.0 ~ 30.0

(2) 조정압력 3.3 kPa 이하인 압력조정기의 안전장치 작동압력

작동개시압력	작동정지압력
5.6 ~ 8.4 kPa	([빵꾸1]) kPa

※ 작동표준압력 : ([빵꾸2]) kPa

메꿈 ① 5.04 ~ 8.4 ② 7.0

(3) 내압시험

입구 쪽	3 MPa 이상으로 1분간 실시
	2단감압식 2차용 조정기 → 0.8 MPa 이상
출구 쪽	0.3 MPa 이상
	2단감압식 1차용 조정기 및 자동절체식 분리형 조정기 → 0.87 MPa 이상
	그 밖의 압력조정기 → 0.8 MPa 또는 조정압력 1.5배 이상 중 높은 압력

(4) 기밀시험 : 종류별 압력에서 1분간 실시

조정기 종류	입구압력(MPa)	조정압력(kPa)
1단감압식 저압조정기	1.56 MPa 이상	5.5 kPa
1단감압식 준저압조정기	1.56 MPa 이상	조정압력의 2배 이상
2단감압식 1차용 조정기	1.8 MPa 이상	0.15 MPa 이상
2단감압식 2차용 저압조정기	0.5 MPa 이상	5.5 kPa
2단감압식 2차용 준저압조정기	0.5 MPa 이상	조정압력의 2배 이상
자동절체식 일체형저압조정기	1.8 MPa 이상	5.5 kPa
자동절체식 일체형준저압조정기	1.8 MPa 이상	조정압력의 2배 이상
그 밖의 압력 조정기	최대입구압력의 1.1배 이상	조정압력의 1.5배 이상

(5) 조정기 최대 폐쇄압력

1단감압식 저압조정기 2단감압식 2차용 저압조정기 자동절체식 일체형저압조정기	3.5 kPa 이하
2단감압식 1차용 조정기 자동절체식 분리형조정기	95 kPa 이하

13 방류둑 설치 기준

(1) 고압가스 특정제조
    ① 독성가스 : ([빵꾸1])톤 이상
    ② 가연성가스 : 500톤 이상
    ③ 액화산소 : 1000톤 이상

(2) 고압가스 일반제조
    ① 독성가스 : ([빵꾸2])톤 이상
    ② 가연성가스, 액화산소 : 1000톤 이상

(3) 냉동제조시설 (독성가스 냉매 사용) : 수액기 내용적 1만 L 이상

(4) 액화석유가스 : ([빵꾸3])톤 이상

(5) 도시가스
    ① 가스도매사업 : 500톤 이상
    ② 일반도시가스사업 : 1000톤 이상
    ※ LNG 저장탱크는 가스도매사업에 해당

14 염화비닐호스 규격 및 검사방법

(1) 호스의 안지름은 6.3 mm(1종), 9.5 mm(2종), 12.7 mm(3종)로 하고 그 허용차는 ±0.7 mm로 할 것

(2) -20℃ 이하에서 24시간 이상 방치한 후 지체 없이 5회 이상 굽힘시험을 한 후에 기밀시험에 누출이 없을 것

(3) 안층의 인장강도는 73.6 N/5mm 폭 이상으로 할 것

메꿈   ① 5   ② 5   ③ 1000

15 액화 가능한 가스의 임계온도와 임계압력

가스이름	임계온도 (℃)	임계압력 (kg/cm^2)
탄산가스	31	72.9
암모니아	132.3	111.3
에탄	32.2	48.2
에틸렌	9.2	50
프로판	96.8	42
부탄	152	37.5
염소	144	76.1
시안화수소	183.5	53
프레온 12	111.7	39.6
포스겐	183	56

※ 임계온도가 높은 가스가 액화 범위가 넓은 것이기 때문에 임계온도가 높은 가스가 액화가 용이하며 반대로 임계압력이 낮은 가스는 적은 동력으로 액화시킬 수 있는 것이므로 임계압력이 낮은 가스가 액화하기 쉬움

CHAPTER 05 | 도시가스

1 용어

(1) 배관 : 본관, 공급관 및 내관

(2) ([빵꾸1]) : 도시가스제조사업소의 부지 경계에서 정압기까지 이르는 배관

(3) 공급관 : 정압기에서 가스사용자가 구분하여 소유하는 부지 경계까지 이르는 배관

(4) ([빵꾸2]) : 가스소비자가 소유하고 있는 부지경계에서 연소기까지 이르는 배관

(5) 고압 : 1 MPa 이상의 압력

(6) 중압

　① 0.1 MPa 이상, 1 MPa 미만의 압력

　② 액화가스가 기화되고 다른 물질과 혼합되지 않은 경우 : 0.01 MPa 이상, 0.2 MPa 미만

(7) 저압 : 1 kg/cm^2 미만, 기화된 액화가스 0.1 kg/cm^2 미만

(8) 액화가스 : 섭씨 35도에서 압력이 0.2 MPa 이상이 되는 것

(9) 처리능력 : 처리설비 또는 감압설비에 따라 압축·액화 또는 그 밖의 방법으로 1일 처리할 수 있는 도시가스 양

메꿈　① 본관　② 내관

⑩ 도시가스 종류

천연가스	지하에서 생성되는 가연성 가스로서 메탄을 주성분으로 하는 가스
석유가스	석유가스를 공기와 혼합하여 제조한 가스
나프타부생가스	나프타 분해공정 과정에서 부산물로 생성되는 가스
바이오가스	바이오매스로부터 생성된 기체를 정제한 가스

2 특정가스 사용시설

(1) 월 사용예정량 2,000 m³ 이상인 가스사용시설

(2) 월 사용예정량 2,000 m³ 미만인 가스사용시설 중 많이 이용하는 시설로서 안전관리를 위하여 필요하다고 인정하여 지정하는 가스사용시설

3 도시가스 도매사업의 가스공급시설 기준

(1) 액화천연가스 저장설비와 처리설비는 그 외면으로부터 사업소경계까지 다음 식에 따라 얻은 거리 이상을 유지할 것

$$L = C \times \sqrt[3]{143,000\,W}$$

L : 유지하여야 하는 거리(m)
C : 저압지하식 저장탱크는 0.24,
 그 밖의 가스저장설비와 처리설비는 0.576
W : 저장능력

(2) 액화석유가스 저장설비와 처리설비는 외면으로부터 보호시설까지 30 m 이상 유지

(3) 가스공급시설은 외면으로부터 화기 취급 장소까지 8 m 이상 우회거리 유지

(4) 고압 가스공급시설은 안전구획 안에 설치하고 그 안전구역 면적은 20,000 m² 미만

(5) 안전구역 안의 고압인 가스공급시설은 그 외면으로부터 다른 안전구역 안에 있는 시설까지 30 m 이상 유지

⑹ 액화천연가스의 저장탱크는 그 외면으로부터 처리능력이 200,000 m³ 이상인 압축기까지 30 m 이상의 거리 유지

⑺ 저장탱크와 다른 저장탱크 또는 가스홀더와의 사이에는 두 저장탱크 최대 지름을 더한 길이의 4분의 1 이상에 해당하는 거리 유지

⑻ 액화가스 저장탱크의 저장능력이 500톤 이상인 것의 주위에는 액상의 가스가 누출된 경우 그 유출 방지 위한 조치를 마련할 것

⑼ 물분무장치는 매월 1회 이상 작동 확인

⑽ 긴급차단장치는 1년에 1회 이상 검사 실시

⑾ 제조소 및 공급소에 설치된 가스누출경보기는 1주일에 1회 이상 점검

⑿ 정압기는 설치 후 ([빵꾸1]   )년에 1회 이상 분해점검

메꿈   ① 2

4 가스도매사업 도시가스 공급 배관 기준

(1) 배관매설 기준

배관 매설 위치	이격거리	이격 위치
지하 매설 배관	1 m	산이나 들
	1.2 m	그 밖의 지역
배관의 외면	1 m	도로 경계 수평
	([빵꾸1]) m	다른 시설물
시가지 도로 노면 밑 배관	1.5 m	노면
방호구조물 내 배관	1.2 m	
시가지 외 도로 노면 밑 매설 배관	1.2 m	
포장되어 있는 차도 매설 배관	0.5 m	노반의 최하부
노면 외의 도로 밑 매설 배관	1.2 m	지표면
방호구조물 내 배관	0.6 m	
철도부지 매설 배관	([빵꾸2]) m	궤도 중심
	1 m	철도부지 경계
	1.2 m	지표면
하천 밑 횡단 매설 배관	4 m	계획하상높이
중압 이하 배관	2 m	고압배관

(2) 배관 외부에 사용가스명, 최고사용압력 및 가스의 흐름방향 표시

메꿈 ① 0.3 ② 4

5 일반도시가스사업 도시가스 공급 배관 기준

(1) 점검 기준

정압기 설치 후	2년에 1회 이상 분해점검
	1주일에 1회 이상 작동상황 점검
필터 가스공급개시 후	1개월 이내 및 매년 1회 이상 분해점검

(2) 입상관 밸브는 분리가 가능한 것으로 바닥으로부터 1.6 m 이상 2 m 이내 설치

(3) 배관 고정장치

관지름 13 mm 미만	1 m 마다
관지름 13 mm 이상 ~ 33 mm 미만	2 m 마다
관지름 33 mm 이상	3 m 마다

(4) 배관 이음매(용접이음매 제외)와의 이격거리

배관의 이음매	([빵꾸1]) cm	전기계량기 및 전기개폐기
	30 cm	전기점멸기 및 전기접속기 (사용시설은 15 cm 이상)
	([빵꾸2]) cm	절연전선
	15 cm	절연조치를 하지 않은 전선 및 단열조치를 하지 않은 굴뚝

(5) 배관 매설 기준

공동주택 등의 부지 안	0.6 m 이상
폭 8 m 이상의 도로	1.2 m 이상
폭 4 m 이상 8 m 미만인 도로	1 m 이상

메꿈   ① 60   ② 10

(6) 제조시설 및 공급소 시설 배치기준

가스혼합기 · 가스정제설비 · 배송기 · 압송기 그 밖에 가스공급시설 부대설비		3 m 이상	사업장 경계
최고사용압력이 고압인 것		20 m 이상	사업장 경계
		30 m 이상	제1종 보호시설
가스발생기와 가스홀더	최고사용압력 고압	20 m 이상	사업장 경계
	최고사용압력 중압	10 m 이상	
	최고사용압력 저압	5 m 이상	

6 가스사용시설 기준

(1) 압력조정기는 1년에 1회 이상 안전점검 실시

(2) 정압기에는 안전밸브와 가스방출관 설치

(3) 가스방출관 방출구는 주위 불 등이 없는 안전한 위치로 지면부터 5 m 이상 높이 설치
　⇒ 전기시설물과 접촉으로 사고의 우려가 있는 장소는 3 m 이상 설치 가능

(4) 가스보일러 온수기 설치 기준
　① 전용보일러에 설치할 것
　② 배기통 재료는 스테인리스 강판이나 배기가스 및 응축수에 내열 · 내식성이 있을 것
　③ 환기가 잘되는 곳에 설치할 것
　④ 시공자는 시공 시설에 대해 관련 정보를 기록한 시공 표지판을 부착할 것
　⑤ 시공자는 시공확인서를 작성하여 5년간 보존할 것

(5) 도시가스사용시설 월사용 예정량 산출식

$$Q = \frac{(A \times 240) + (B \times 90)}{11,000}$$

Q : 월 사용예정량(m^3)
A : ([빵꾸1]   ) 사용하는 연소기의 명판에 적힌 가스소비량 합계(kcal/h)
B : ([빵꾸2]   ) 연소기의 명판에 적힌 가스소비량 합계(kcal/h)

7 도시가스 유해성분 압력 측정

(1) 가스홀더의 출구·정압기 출구 및 가스공급시설 끝부분 배관에서 자기압력계를 사용

(2) 정압기 출구 및 가스공급시설 끝부분의 배관에서 측정한 가스압력
 : 1 kPa 이상 2.5 kPa 이내 유지

8 ([빵꾸3]   )

도시가스 열량과 비중 계산식

$$WI = \frac{Hg}{\sqrt{d}}$$

WI : ([빵꾸4]   )
Hg : 도시가스 총발열량($kcal/m^3$)
d : 도시가스 공기에 대한 비중

9 유해성분 측정

(1) 도시가스 황전량, 황화수소 및 암모니아는 매주 1회씩 가스홀더 출구에서 연소가스 특수성분 분석방법에 따른 분석방법에 따라 검사할 것

메꿈 ① 산업용으로 ② 산업용이 아닌 ③ 웨베지수 ④ 웨베지수

(2) 도시가스 유해성분 양

[0 ℃, 101,325 Pa 압력에서 건조한 도시가스 1 m³당]

황전량	0.5 g
황화수소	0.02 g
암모니아	0.2 g

10 도시가스 충전시설 기준

(1) 고정식 압축도시가스 자동차 충전시설

① 처리설비 및 압축가스설비로부터 30 m 이내 보호시설: 주위에 도시가스폭발에 따른 충격을 견딜 수 있는 철근콘크리트제 방호벽 설치

② 충전설비 : 도로경계까지 5 m 이상 거리 유지

③ 저장설비 · 처리설비 · 압축가스설비 · 충전설비 : 철도까지 30 m 이상 유지

④ 저장설비 · 처리설비 · 압축가스설비 · 충전설비 : 사업소경계까지 10 m 이상 유지

⑤ 처리설비 및 압축가스설비 주위 철근콘크리트제 방호벽 설치 : 5 m 이상 유지

⑥ 저장능력 5 톤 또는 500 m³ 이상인 저장탱크 및 압력용기: 지진발생 시 저장탱크 보호를 위해 내진성능 확보를 위한 조치

⑦ 5 m³ 이상의 도시가스를 저장하는 것에는 가스방출장치 설치

⑧ 배관은 안전율이 ([빵꾸1]   ) 이상이 되도록 설계

⑨ 가스충전시설 : 충전설비 근처 및 충전설비로부터 5 m 이상 떨어진 장소에서 긴급 시 도시가스 누출을 차단할 수 있는 조치를 할 것

메꿈 ① 4

(2) 이동식 압축도시가스 자동차 충전 기준

가스배관구	↔	가스배관구	3 m 이상 유지
이동충전차량		충전설비	8 m 이상 유지
이동충전차량 및 충전설비		철도	15 m 이상 유지

사업소에서 주정차 또는 충전작업을 하는 이동충전차량 설치 : 3대 이하

(3) 고정식 압축도시가스 이동충전차량 충전 기준
① 압축장치와 이동충전차량 충전설비 사이 : 방호벽 설치
② 압축가스설비와 이동충전차량 충전설비 사이 : 방호벽 설치
③ 이동충전차량 충전설비 : 이동충전차량 진입구 및 진출구까지 12 m 이상 유지
④ 이동충전차량의 사업소 외에서 이동충전차량에 충전 금지

(4) 액화도시가스 자동차 충전
① 저장능력과 사업소 경계까지의 안전거리

저장탱크 저장능력(W) [W = 0.9 V]	사업소 경계와 안전거리
25 톤 이하	10 m
25 톤 초과 50 톤 이하	15 m
50 톤 초과 100 톤 이하	25 m
100 톤 초과	40 m

② 처리설비 및 충전설비와 사업소 경계까지의 안전거리 : 10 m
③ 처리설비 및 충전설비 주위 방호벽 설치 시 사업소 경계까지의 안전거리 : 5 m 이상

11 충전용기 부식여유 두께 수치

	1,000 L 이하	([빵꾸1]) mm 이상
암모니아	1,000 L 초과	2 mm 이상
염소	1,000 L 이하	([빵꾸2]) mm 이상
	1,000 L 초과	5 mm 이상

12 허용응력 및 스케줄 번호(배관 두께)

(1) 허용응력 $S(kg/mm^2)$ = 인장강도(kg/mm^2) / 안전율

(2) 스케줄 번호 Sch No = $10 \times (P/S)$

13 기타사항

(1) 도시가스 사용 시설의 정압기, 필터는 설치 후 3년까지는 1회 이상, 그 이후에는 4년에 1회 이상 분해점검을 실시할 것

(2) 일반도시가스사업의 가스공급시설 중 정압기 분해 점검은 2년에 1회 이상 실시할 것

(3) 압력조정기 설치 기준
① 중압인 경우 : ([빵꾸3])세대 미만
② 저압인 경우 : ([빵꾸4])세대 미만

메꿈 ① 1 ② 3 ③ 150 ④ 250

CHAPTER 06 고압가스 통합

1 고압가스 운반 차량 경계표지

(1) 위험고압가스 표시 필수

(2) 경계표지 크기(직사각형)

가로	세로	면적
차체폭의 30 % 이상	가로치수의 20 % 이상	면적 ([빵꾸1]　　　) cm² 이상

2 용기에 가스를 충전하거나 저장탱크 또는 용기 상호 간 경계표지

가스 이·충전 작업 시 고압가스설비 주변에 경계표지

3 배관의 표지판

(1) 지하에 설치된 배관 : 500 m 이하
　　지상에 설치된 배관 : 1,000 m 이하

(2) 표지판에 고압가스 종류, 설치 구역명, 배관 설치 위치, 회사명 및 연락처, 신고처 기재

4 독성가스 식별조치 및 위험표시

(1) 독성가스 표시 기준

가스명 칭 색	식별표지	문자의 크기
적색	• 바탕색 : 백색 • 글씨 : 흑색	• 가로·세로 : 10 cm 이상 • 30 m 이상 떨어진 곳에서 알아볼 수 있어야 함

> 암 독 명적 식바백글흑

메꿈　① 600

(2) 독성가스 위험표지

다른 법령에 의한 지시사항 병기 가능	위험표지	문자의 크기
	• 바탕색 : 백색 • 글씨 : 흑색 • 주의 : 적색	• 가로·세로 : 5 cm 이상 • 10 m 이상 떨어진 곳에서 알아볼 수 있어야 함

(3) 경계책
  ① 경계책 안에는 화기, 발화 물질을 휴대하고 들어가면 안 됨
  ② 저장설비·처리설비 및 감압설비 설치 장소주위에는 높이 1.5 m 이상의 철책 또는 철망 등의 경계책 설치

(4) 누출 가연성가스 유동방지 시설 기준
  ① 유동 방지 시설 : 높이 2 m 이상의 내화벽
  ② 가스설비와 화기를 취급하는 장소 : 8 m 이상 우회거리 유지
  ③ 건축물 개구부 : 방화문 또는 망입유리 사용
  ④ 사람이 출입하는 출입문 : 2중문

(5) 자동차 용기 충전시설 "화기엄금" 표지 : 백색 바탕, 적색 문자

> 암 화 백바, 적문

5 가스설비 내진 설계기준

(1) 적용 기준
  ① 고압가스안전관리법에 적용되는 5톤 또는 500 m³ 이상의 저장탱크 및 압력용기, 지지구조물 및 기초와 이것들의 연결부
  ② 세로방향으로 설치한 동체 길이가 5 m 이상인 원통형 응축기 및 내용적 5,000 L 이상인 수액기, 지지구조물 및 기초와 이것들의 연결부

(2) 용어

내진 특등급	사회의 정상적인 기능 유지에 심각한 지장을 초래할 수 있는 것
내진 ([빵꾸1])	공공의 생명과 재산에 막대한 피해를 초래할 수 있는 것
내진 ([빵꾸2])	공공의 생명과 재산에 경미한 피해를 초래할 수 있는 것
제1종 독성가스	염소, 시안화수소, 이산화질소, 불소, 포스겐과 허용 농도 1 ppm 이하
제2종 독성가스	염화수소, 삼불화붕소, 이산화유황, 불화수소, 브롬화메틸, 황화수소와 허용농도 1 ppm 초과 10 ppm 이하
제3종 독성가스	제1종 및 제2종 독성가스 이외의 것

6 고압가스 안전설비

(1) 긴급이송설비에 부속된 처리설비 처리방법
　① 벤트스택에서 안전하게 방출시킬 수 있어야 함
　② 플레어스택에서 안전하게 연소시킬 수 있어야 함
　③ 독성가스는 제독조치 후 안전하게 폐기
　④ 안전한 장소에 설치되어 저장탱크 등에 임시 이송할 수 있어야 함

(2) 벤트스택
　① 독성가스는 제독조치 후 방출
　② 방출구 위치(작업원이 통행하는 장소로부터 기준)

긴급벤트스택	일반
([빵꾸3]) m 이상	([빵꾸4]) m 이상

메꿈   ① 1등급 ② 2등급 ③ 10 ④ 5

(3) 플레어스택
  ① 설치 위치 : 바로 밑 지표면에 미치는 복사열이 ([빵꾸1]   ) kcal/m² · hr 이하
  ② 구조 : 이송된 가스를 연소시켜 대기로 안정하게 방출시키도록 조치
  ③ 파일럿버너 또는 항상 작동할 수 있는 자동점화장치 설치
  ④ 역화 및 공기 등과의 혼합폭발 방지조치

7 가스누출 검지경보장치 설치기준

(1) 성능
  ① 설치장소, 주위 분위기 온도에 따라 가연성가스는 폭발한계의 1/4 이하, 독성가스는 허용농도 이하로 할 것 ⇒ 암모니아는 50 ppm 이하
  ② 경보기 정밀도 경보농도 설정치

가연성가스	독성가스
([빵꾸2]) % 이하	([빵꾸3]) % 이하

  ③ 검지경보장치 검지에서 발신까지 걸리는 시간

경보농도의 1.6배농도	암모니아, 일산화탄소
30초 이내	([빵꾸4])초 이내

(2) 구조
  ① 충분한 강도를 가지며 취급 및 정비가 쉬울 것
  ② 가스 접촉부는 내식성 또는 충분한 부식방지 처리 재료 사용
  ③ 가연성가스 검지경보장치는 방폭성능을 가질 것

메꿈   ① 4,000   ② ±25   ③ ±30   ④ 60

(3) 검지경보장치 검출부 설치장소 및 개수

건축물 내에 설치된 압축기, 펌프, 저장탱크, 감압설비, 판매시설	가스가 누출하여 체류하기 쉬운 곳에 바닥면 둘레 10 m당 1개 이상
건축물 밖에 설치된 고압가스설비	가스가 누출하여 체류하기 쉬운 곳에 바닥면 둘레 ([빵꾸1]) m당 1개 이상
특수 반응설비	가스가 누출하여 체류하기 쉬운 곳에 바닥면 둘레 10 m당 1개 이상
방류둑 내에 설치된 저장탱크	저장탱크마다 1개 이상

8 방폭전기기기 분류

방폭전기기기 분류	특징	표시방법
내압방폭구조	방폭전기기기의 용기 내부에서 가연성 가스 폭발이 발생할 경우 인화되지 않도록 한 구조(1종 장소)	d
유입방폭구조	절연유를 주입하여 인화되지 않도록 한 구조	([빵꾸2])
([빵꾸3])	보호가스(불활성가스)를 압입하여 내부 압력을 유지 하며 가연성가스가 용기 내부로 유입되지 않도록 한 구조	p
안전증방폭구조	정상운전 중 가연성가스 점화원 발생 방지 위해 기계적·전기적 구조·온도상승 안전도를 증가시킨 구조	([빵꾸4])
본질안전방폭구조	정상 시 및 사고 시에 발생하는 전기불꽃에 의해 가연성가스가 점화되지 않도록 한 구조(0종 장소)	ia, ib
특수방폭구조	방폭구조로서 가연성가스에 점화를 방지할 수 있는 것이 확인된 구조(2종 장소)	s

※ 비점화방폭구조 : 정상동작 상태에서 주변의 폭발성가스 또는 증기에 점화시키지 않고 점화시킬 수 있는 고장이 유발되지 않도록 한 방폭구조

> 메꿈 ① 20 ② o ③ 압력방폭구조 ④ e

9 위험장소 분류

0종 장소	상용상태에서 가연성가스 농도가 연속해서 폭발하한계 이상으로 되는 장소
1종 장소	상용상태에서 가연성가스가 체류하여 위험하게 될 우려가 있는 장소
2종 장소	밀폐된 용기 또는 설비 내에 가연성가스가 그 용기 또는 설비 사고로 인해 파손되거나 오조작의 경우에만 누출할 위험이 있는 장소

10 정전기 제거기준

(1) 탑류, 저장탱크, 열교환기, 벤트스택 등은 단독으로 정전기 제거조치

(2) 벤딩용 접속선 및 접지접속선 : 단면적 ([빵꾸1]   ) mm^2 이상 사용

(3) 접지저항치 : 총합 100 Ω 이하 ⇒ 피뢰설비를 설치한 것은 총합 10 Ω 이하

메꿈　① 5.5

11 통신시설

사업소 내 긴급사태 발생 시 신속한 연락을 위한 통신시설 구비

통신범위	구비 통신설비
사업소 내 전체	1. 구내방송설비 2. 사이렌 3. 휴대용 확성기 4. 페이징설비 5. 메가폰
안전관리자 상주 사업소와 현장사업소 사이 또는 현장사무소 상호 간	1. 구내전화 2. 구내방송설비 3. 인터폰 4. 페이징설비
종업원 상호 간	1. 페이징설비 2. 휴대용 확성기 3. 트랜시버 4. 메가폰

12 제독제

가스	제독제
염소	• 가성소다수용액　• 탄산소다수용액　• 소석회
포스겐	• 가성소다수용액　• 소석회
황화수소	• 가성소다수용액　• 탄산소다수용액
시안화수소	• 가성소다수용액
아황산가스	• 가성소다수용액　• 탄산소다수용액　• 물
암모니아, 산화에틸렌, 염화메탄	• 다량의 물

　암 　염가탄소, 포가소, 황가탄, 시가, 아가탄물, 암산염물

13 보호구 종류

(1) 공기호흡기 또는 송기식 마스크

(2) 방독마스크

(3) 보호장갑 및 보호장화

14 전기방식 조치기준

전기방식	배관 외면에 전류 유입시켜 양극반응 저지함으로써 부식 방지
희생양극법	지중·수중 설치된 양극금속과 매설배관을 전선 연결하여 양극금속과 매설배관 등 사이의 전지작용에 의해 전기적 부식 방지
외부전원법	외부직류전원장치 양극(+)은 토양이나 수중 설치한 외부전원용 전극에 접속, 음극(-)은 매설배관에 접속시켜 전기적 부식 방지
배류법	매설배관 전위가 주위 다른 금속구조물 보다 높은 장소에서 전기적 접속시켜 유입된 누출전류를 복귀시키며 전기적 부식 방지

15 전기방식시설 시공

(1) 유지관리를 위해 전위측정용 터미널 설치
　① 희생양극법·배류법 : 배관길이 ([빵꾸1]　) m 이내 간격
　② 외부전원법 : 배관길이 ([빵꾸2]　) m 이내 간격

(2) 교량 및 횡단배관 양단부
　① 외부전원법 및 배류법에 의해 설치된 것으로 횡단길이 500 m 이하 배관 제외
　② 희생양극법에 의해 설치된 것으로 횡단길이 50 m 이하 배관 제외

(3) 전기방식전류가 흐르는 상태에서 토양에 있는 배관의 방식전위 포화황산동 기준전극으로 -5 V 이상, -0.85 V 이하일 것

메꿈　① 300　② 500

⑷ 전기방식전류가 흐르는 상태에서 자연전위와 전위변화 : 최소 -300 mV 이하일 것

⑸ 전기방식시설의 관대지전위 : 1년에 1회 이상 점검

⑹ 외부전원법에 의한 전기방식시설 외부전원점 관대지전위, 정류기 출력, 전압, 전류 : 3개월에 1회 이상 점검

16 자동차연료장치 구조 기준

⑴ 용기 : 보기 쉬운 위치에 "자동차용" 표시

⑵ 용기밸브 및 안전밸브 : 용기 최고충전압력에 대해 내압성능 가질 것

⑶ 안전밸브로부터 방출된 가스 : 외부 안전한 장소로 방출될 수 있을 것

⑷ 밀폐된 곳에 용기를 격납하는 경우 : 안전밸브에서 분출되는 가스를 차 밖으로 방출 가능할 것

⑸ 상용압력의 ([빵꾸1]) 배 이상 내압성능을 가질 것

⑹ 사용압력 이상에서 기밀성능을 가질 것

⑺ 감압밸브
  ① 상용압력의 1.5 배 이상 내압성능 가질 것
  ② 상용압력 이상에서 기밀성능 가질 것

⑻ 배관 및 접합부 : 최소 60 cm마다 차체에 고정하여 충격 및 진동으로부터 보호할 것

⑼ 배관 및 접합부
  ① 상용압력 1.5 배 이상의 내압성능을 가질 것
  ② 상용압력 이상에서 기밀성능을 가질 것

⑽ 용기 : 배기판 및 소음기로부터 10 cm 이상 떨어진 곳에 부착할 것

메꿈 ① 1.5

⑾ 적당한 방열조치가 설치된 당해 용기 및 용기부속품 : 4 cm 이상 떨어진 곳에 부착

⑿ 용기
   ① 불꽃 발생 가능성이 있는 노출된 전기단자 및 전기개폐기로부터 20 cm 이상
   ② 배기판 출구로부터 30 cm 이상

⒀ 주밸브
   ① 자동차 후단부로부터 30 cm 이상
   ② 자동차 외측으로부터 20 cm 이상

17 자동차 충전소 고정식 자동차 충전소(배관, 탱크로 공급)

⑴ 설비 외면은 사업소 경계까지 10 m 이상 안전거리 유지, 방호벽 설치 시는 5 m

⑵ 설비 30 m 이내에 보호 시설이 있을 시는 방호벽 설치할 것

⑶ 충전 설비는 도로 경계로부터 5 m 유지할 것

⑷ 모든 설비는 철도로부터 30 m 유지할 것

⑸ 설비는 고압 전선(직류 750 V, 교류 600 V 초과)과 5 m 유지, 저압 전선과는 1 m 이상 유지

⑹ 모든 설비는 화기 취급 장소와 8 m 우회거리 유지

⑺ 모든 설비는 가연성, 인화성 물질과 8 m 유지

⑻ 설비 및 부속품 주위 1 m 안전 공간 확보할 것

⑼ 설비의 환기구 면적은 바닥 1 m^2 당 300 cm^2, 환기 능력은 0.5 m^3/분 이상일 것

18 위험성평가기법

종류	특징
체크리스트	공정 및 설비 오류, 결함상태, 위험상황을 목록화한 형태로 작성하여 경험적 비교로 위험성을 정성적으로 파악하는 기법
([빵꾸1])	사고를 일으키는 장치 이상이나 운전사 실수 조합을 연역적으로 분석하는 기법 : FTA
이상위험도분석	공정 및 설비 고장 형태 및 영향, 고장형태별 위험도 순위를 결정하는 기법 : FMECA
위험과운전 분석	공정에 존재하는 위험 요소와 공정 효율을 떨어뜨릴 수 있는 운전상의 문제점을 찾아 원인 제거 기법 : HAZOP
사건수분석	초기사건으로 알려진 특정 장치 이상이나 운전자 실수로부터 발생하는 잠재적 사고결과 평가 기법 : ([빵꾸2])
원인결과분석	잠재된 사고 결과와 근본적 원인을 찾아내고 결과와 원인의 상호관계를 예측·평가하는 기법 : CCA
작업자 실수분석	설비 운전원, 정비보수원, 기술자 등의 작업에 영향을 미칠 요소를 평가하여 실수 원인을 파악 및 추적으로 상대적 순위를 결정하는 기법 : HEA
사고예상질문분석	공정에 잠재하며 원하지 않는 나쁜 결과를 초래할 수 있는 사고에 대해 예상질문을 통해 사전 확인함으로써 위험을 줄이는 방법을 제시하는 기법 : WHAT-IF
예비위험분석	공정 또는 설비에 관한 상세 정보를 얻을 수 없는 상황에서 위험물질과 공정 요소에 초점을 두어 초기위험을 확인하는 기법 : PHA
공정위험분석	기존설비 또는 안전성향상계획서를 제출·심사 받은 설비에 대하여 설비 설계·건설·운전 및 정비 경험을 바탕으로 위험성 분석하는 방법 : PHR
상대위험순위결정	설비 손재 위험에 대해 수지적으로 상대위험순위를 지표화하여 피해 정도를 나타내는 상대적 위험 순위를 정하는 안전성평가기법

메꿈 ① 결함수분석 ② ETA

19 내압시험

(1) 공기 등의 기체 압력에 의해 하는 경우 : 상용압력의 50 %까지 승압 후 상용압력의 10 %씩 단계적으로 승압하여 내압시험압력에 달하였을 때 누설 등의 이상이 없으며, 압력을 내려 상용압력으로 하였을 때 팽창, 누설 등의 이상이 없을 시 합격

(2) 내압시험 종사 인원수 : 작업에 필요한 최소인원으로 함

(3) 밸브몸통 : 2.6 MPa 이상 압력으로 2분간 유지하며 누출 또는 변형이 없을 것

20 기밀시험

(1) 원칙적으로 공기 또는 위험성 없는 기체 압력에 의해 실시할 것

(2) 설비가 취성 파괴를 일으킬 우려가 없는 온도에서 할 것

(3) 상용압력 이상으로 하나, 0.7 MPa를 초과할 시 0.7 MPa 이상으로 실시

(4) 밸브시트 기밀시험 : 2.7 MPa 압력으로 1분간 유지하며 누출이 없을 것

21 안전밸브 작동시험

2.0 MPa 이상 2.2 MPa 이하에서 작동하여 분출되며, 1.7 MPa 이하는 분출이 정지될 것

22 아세틸렌 충전용기

(1) 다공질물의 다공도 : 75 % 이상 92 % 미만

(2) 다공질물의 다공도 : 다공질물 용기 충전 상태로 온도 20 ℃에서 측정

23 단열성능시험 및 기밀시험

(1) 시험용 가스 : 액화질소, 액화산소, 액화아르곤을 사용하여 실시

(2) 시험 시 충전량 : 충전 후 기화가스량이 거의 일정하게 되었을 때, 시험용 가스용적이 초저온용기 내용적의 1/3 이상 1/2 이하가 되도록 충전할 것

24 재시험

단열성능시험에 합격하지 않은 초저온용기 : 단열재 교체 후 재시험 실시

25 초저온용기 기밀시험

(1) 외동, 단열재, 밸브를 부착한 상태로 실시

(2) 최고 충전압력의 ([빵꾸1]) 배 압력으로 실시

(3) 초저온용기를 상온까지 가열 후 공기 또는 가스로 기밀시험압력 이상이 되도록 하여 30분 이상 방치 후 압력계 지침 변화에 의해 "누출유무" 확인 후 이상이 없으면 합격

메꿈 ① 1.1

26 표시방법 기준

(1) 문자 색상

가스 종류	문자 색상	
	공업용	의료용
액화석유가스	([빵꾸1])색	-
아세틸렌	([빵꾸2])색	-
액화암모니아		-
액화염소	백색	-
수소		-
산소		([빵꾸3])색
액화탄산가스		
질소		
아산화질소		백색
헬륨		
에틸렌		
사이클로프로판		

> **암** 공 석적 아암흑, 의 산녹

(2) 가연성 및 독성가스에 표시하는 "연", "독" 자는 적색, 수소는 백색으로 할 것

27 방류둑 용량

(1) 저장탱크 저장능력에 상당하는 용적 이상으로 할 것

(2) 액화산소는 저장능력의 상당 용량의 ([빵꾸4]) % 이상으로 할 것

메꿈 ① 적 ② 흑 ③ 녹 ④ 60

28 방류둑 구조 및 기준

(1) 재료 : 철근콘크리트, 금속, 흙 또는 이를 혼합한 액밀한 구조

(2) 액 체류 표면적 : 가능한 한 적게

(3) 배관관통부 틈새로부터 누설방지 및 방식조치

(4) 금속재료 : 부식되지 않게 방식 및 방청조치

(5) 방류둑 내 고인 물을 배출하기 위한 배수조치

(6) 가연성과 독성, 가연성과 조연성 액화가스 방류둑은 혼합배치하지 말 것

(7) 방류둑 내면과 외면으로부터 10 m 이내 : 저장 탱크 부속설비 이외의 것은 설치 금지

(8) 성토 : 수평에 대해 ([빵꾸1]   )° 이하 구배를 가지고 성토 정상부 폭은 ([빵꾸2]   ) cm 이상

(9) 방류둑 계단 및 사다리 : 출입구 둘레 ([빵꾸3]   ) m 마다 1개 이상 설치
⇒ 둘레 50 m 미만 : 2개소 이상 분산 설치

29 가스보일러 설치 기준

(1) 바닥설치형 가스보일러 : 하중에 견디는 구조의 바닥면 위에 설치

(2) 벽걸이형 가스보일러 : 하중에 견디는 구조의 벽면에 견고하게 설치

메꿈   ① 45   ② 30   ③ 50

(3) 기준

가스보일러	• 가연성 물질, 인화성 물질 취급 장소 아닐 것 • 전용보일러실에 설치 • 지하실 또는 반지하실에 설치 금지 • 내열실리콘 등으로 마감조치하여 기밀 유지
밀폐식 보일러	• 환기가 잘 안될 것 • 배기가스 누출 시 질식 우려 있는 곳 설치금지 • 반지하실 설치 가능
가스보일러의 가스 접속배관	• 금속배관 호스 사용 • 가스용 금속플렉시블 호스 사용
가스보일러 설치·시공자	• 설치시공확인서를 작성하여 5년간 보존

배기통	• 재료
	  ① 스테인리스강관
	  ② 배기가스 및 응축수 내열·내식성 있는 것
	• 가연성 벽 통과 부분 : 반화조치
	• 호칭지름 : 보일러 배기통 접속부 지름과 동일

30 반밀폐식 보일러 급배기설비 설치기준

(1) 자연배기식[단독배기통방식, 복합배기통방식, 공동배기방식]

단독배기통방식	복합배기통방식
• 배기통 굴곡수는 4개 이하일 것 • 배기통 입상높이는 10 m 이하일 것 • 10 m 초과일 시에는 보온조치 할 것 • 배기통 끝은 옥외로 뽑아낼 것 • 배기통 가로 길이는 5 m 이하일 것 • 배기통 앞끝의 기울기가 없도록 할 것 • 배기통 위치는 풍압대를 피해 바람이 잘 통하는 곳일 것 • 급기구 및 상부환기구 유효단면적은 배기통 단면적 이상일 것	• 동일 실내에서 벽면 상태 등에 의해 각각의 배기통을 설치할 수 없는 경우에 한하여 사용할 것 • 자연배기식 경우에만 사용할 것 • 연결하는 보일러 수는 2대에 한할 것 • 배기통 단면적은 보일러 접속부 단면적 이상일 것 • 보일러 단독배기통은 보일러 접속부로부터 300 mm 이상일 것 • 공용부 접속부는 250 mm 이상일 것

공동배기방식
• 굴곡 없이 수직으로 설치할 것 • 동일층에서 공동배기구로 연결되는 보일러 수는 2대 이하일 것 • 재료는 내열 · 내식성이 좋을 것 • 최하부에 청소구와 수취기 설치할 것 • 공동배기구 및 배기통에는 방화댐퍼를 설치하지 않을 것 • 배기통 접속부 ~ 배기통 하단부까지 높이 30 cm 이상 60 cm 미만 : 배기통 수평길이를 1 m 이하로 할 것 • 배기통 접속부 ~ 배기통 하단부까지 높이 60 cm 이상 : 배기통 수평길이를 5 m 이하로 할 것 • 공동배기구와 배기통의 접속부는 기밀을 유지할 것 • 공동배기구톱은 풍압대 밖에 있을 것 • 배기통 유효단면적은 보일러 배기통 접속부 유효단면적 이상일 것 • 옥상 · 지붕면에서 공동배기구톱 개구부하단의 수직높이 : 1.5 m 이상일 것 • 급기 또는 배기형식이 다른 보일러는 함께 접속하지 않을 것

(2) 강제배기식[단독배기방식]

   ① 배기통 유효단면적은 보일러 또는 배기팬의 배기통 접속부 유효단면적 이상일 것

   ② 배기통톱 전방 · 측변 · 상하주위 60 cm 이내에 가연물이 없을 것

   ③ 배기통톱 개기구로부터 60 cm 이내 배기가스가 실내로 유입할 우려가 없을 것

(3) 밀폐식 보일러 급 · 배기설비 설치 일반사항

   ① 옥외에 물고임 등이 없을 정도의 기울기일 것

   ② 주위에 장애물이 없을 것

   ③ 최대연장길이는 바깥벽에 설치할 것

   ④ 눈내림 구역에 설치할 경우 주위에 적설 처리 가능한 구조일 것

(4) 자연 급 · 배기 외벽식

   충분히 개방된 옥외 공간에 벽외부로 나오도록 설치하되 수평으로 할 것

31 가스누설 경보차단장치 구분

종류	사용압력
저압용	0.01 MPa 미만
준저압용	0.01 MPa ~ 0.1 MPa 미만
중압용	0.1 MPa 이상

32 경보차단장치 기밀시험

구분		시험압력
저압용	내부누출	8.4 MPa 이상
	외부누출	0.035 MPa 이상
준저압용		0.15 MPa 이상
중압용		1.8 MPa 이상

CHAPTER 07 | 가스설비

1 압축기 분류

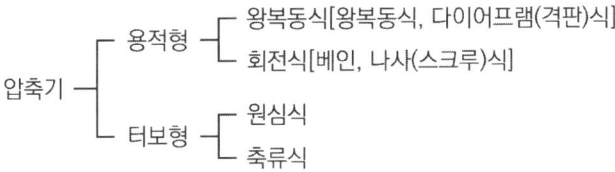

(1) 용적형 압축기 : 일정용적 실내에 기체를 흡입한 후 흡입구를 닫아 기체를 압축하면서 다른 토출구에서는 압출을 반복하는 형식
  ① 왕복 압축기 특징
   - 고압을 얻을 수 있음
   - 압축기 효율이 높음
   - 용량조절이 용이하고 범위가 넓음
   - 기체의 송출에 ([빵꾸1]   )이 있으므로 방진장치가 필요
   - 저속회전이며, 형태가 크고 중량이 무겁고, 고가이며 설치 면적이 큼
   - 용적형
   - 윤활유식 또는 무급유식

(2) 터보형 압축기 : 기계에너지를 회전에 의해 기체의 압력과 속도에너지로 전하고 압력을 높이는 형식이며 원심식과 축류식이 있음
  ① 터보형 원심식 압축기 : 임펠러의 출구각이 90°보다 적을 때

> 메꿈 ① 맥동

② 터보형 축류식 압축기 : 임펠러 회전 시 기체가 한방향으로 압출되어 흐르는 형식
- 무급유식이며 원심형
- 기체의 맥동이 ([빵꾸1]   ) 연속적임
- 용량조절이 가능하나 비교적 어렵고 범위도 ([빵꾸2]   )
- 대용량에 적당하고 설치면적이 적음
- 서징 현상이 있으므로 운전 중 주의할 것
- 고속회전이므로 형태가 적고 경량

2 왕복동 압축기 피스톤 압출량

실제적 피스톤 압출량	기호
$V = \dfrac{\pi}{4} D^2 \times L \times N \times n \times 60 \times \eta$	D : 피스톤 지름 [m] L : 행정 거리 [m] N : 분당 회전수 [rpm] n : 기통수 η : 체적효율(항상 < 1) V : 피스톤 압출량 [m²/hr]

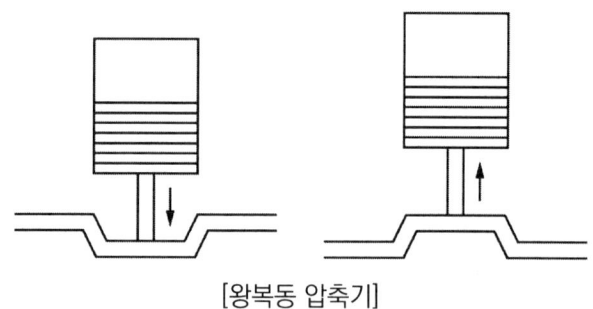

[왕복동 압축기]

메꿈   ① 없고   ② 좁음

(1) 왕복동 압축기의 소요동력과 효율

① 압축효율(η_C)

$$= \frac{\text{이론동력(이론상 가스압축에 필요로 하는 동력)}(N)}{\text{지시동력(실제로 가스압축 시 필요로 하는 동력)}(N')}$$

② 기계효율(η_m)

$$= \frac{\text{지시동력}(N')}{\text{축동력(압축기의 운전에 필요로 하는 동력)}(N_S)}$$

※ $N' = \dfrac{N}{\eta_C}$, $N_s = \dfrac{N'}{\eta_m} = \dfrac{N}{\eta_C \times \eta_m}$

(2) 가스의 압축방식

① 등온압축 : $PV^n = $ 일정

압축하는 동안 가해지는 열량을 방출하는 상태에서 압축 전후의 온도 차가 없도록 하는 압축방식이나 실제로는 불가능한 압축이며, 일량, 온도 상승이 최소가 됨

② 단열압축

가스 압축 중 열이 외부로 방출되지 않게 하여 압축하는 방법이며, 소요일량, 온도의 상승, 압력의 상승 비율이 가장 크나 실제적으로는 불가능한 압축

③ 폴리트로프압축

실제적인 압축방식이며, 등온압축과 단열압축의 중간형태의 압축방식으로 압축 중에 가해지는 열량, 온도의 상승, 압력의 상승은 중간이나 단열압축으로 취급

3 중요가스 윤활유

(1) 공기 : ([빵꾸1]   )

(2) 아세틸렌 : ([빵꾸2]   )

(3) 수소 : ([빵꾸3]   )

(4) 산소 : ([빵꾸4]   )

(5) 염소 : ([빵꾸5]   )

4 압축비와 다단압축

(1) 압축비가 클 때 미치는 영향
   ① 토출가스의 온도가 상승
   ② 압축기의 과열로 체적효율 감소
   ③ 체적효율의 감소로 압축기 능력 저하

(2) 다단압축 장점
   ① 소요일량 절감
   ② 힘의 평형 양호
   ③ 압축비 감소로 인한 효율 증가
   ④ 토출가스 온도상승 방지

5 차압에 의한 LPG 이송 방법

펌프 등을 사용하지 않고 탱크 자체 압력을 이용하는 방법

메꿈   ① 양질의 광유   ② 양질의 광유   ③ 양질의 광유
       ④ 10 % 이하의 묽은 글리세린수 또는 물   ⑤ 진한 황산

6 액펌프에 의한 LPG 이송 방법

(1) 펌프의 종류

　① 기어펌프, 벤펌프

　② 원심펌프 : 임펠러의 회전에 의함
　　• 직렬 연결 : 양정 증가, 유량 일정
　　• 병렬 연결 : ([빵꾸1]　　　) 일정, ([빵꾸2]　　　) 증가

유량	양정	동력
유량 = $Q_1 (\frac{N_2}{N_1})(\frac{D_2}{D_1})^3$	양정 = $H_1 (\frac{N_2}{N_1})^2 (\frac{D_2}{D_1})^2$	동력 = $L_1 (\frac{N_2}{N_1})^3 (\frac{D_2}{D_1})^5$

　③ 압력 조정기 : 기화부에서 나온 가스를 소비 목적에 따라 일정 압력으로 조정함

　④ 안전밸브 : 기화장치 내압이 이상 상승했을 때 장치 내 가스를 외부로 방출

(2) 펌프 사용의 장점

　① 재액화 현상이 일어나지 않음

　② 드레인 현상이 없음

(3) 펌프 사용의 단점

　① 충전시간이 긺

　② 잔가스 회수 불가

　③ 베이퍼록 현상이 일어나 누설의 원인

7 압축기에 의한 LPG 이송 방법

(1) 압축기 사용의 장점

　① 펌프에 비해 충전시간이 ([빵꾸3]　　　)

　② ([빵꾸4]　　　) 회수 가능

　③ 베이퍼록 현상이 생기지 않음

예꿈　① 양정　② 유량　③ 짧음　④ 잔가스

(2) 압축기 사용의 단점
  ① 부탄의 경우 저온에서 재액화 현상
  ② 드레인현상이 생김

8 LP 압축기 부속장치

(1) ([빵꾸1]   ) : 가스 흡입측에 설치하며 실린더의 앞에서 액과 드레인을 가스와 분리

(2) ([빵꾸2]   ) : 압축기의 토출측과 흡입측을 전환시키는 밸브로서 액송과 가스회수를 한 동작으로 가능

9 자연기화방식

(1) 용기 내 LP 가스가 대기 중의 열을 흡수하여 기화하는 간단한 방식

(2) LP 가스 : 비등점이 낮기 때문에 대기에서도 쉽게 기화

(3) 특징
  ① 소량 소비시에 적당
  ② 가스의 조성 변화량이 큼
  ③ 발열량의 변화가 큼
  ④ 용기 수가 많이 필요

10 강제기화방식

(1) 용기 또는 탱크에서 액체의 LP 가스가 도관을 통하여 ([빵꾸3]   )에 의해 기화하는 방식

(2) 공기혼합가스 공급방식 : 공기혼합가스는 기화기, 혼합기에 의해 기화한 부탄에 공기를 혼합하여 만들며 다량 소비에 유효

> 메꿈 ① 액트랩 ② 사방밸브 ③ 기화기

(3) 공기혼합가스 공급 목적
   ① 발열량 조절
   ② 누설 시의 손실 감소
   ③ 재액화 방지
   ④ 연소효율 증대

11 가스홀더 종류

제조 공장에서 제정된 가스를 저장하여 균일하게 질을 유지하며 제조량과 수요량을 조절하는 저장탱크

(1) 유수식 가스홀더
   ① 저압 제조설비에 많이 사용
   ② 구형에 비해 유효가동량이 많음
   ③ 물이 많이 필요하기 때문에 비용이 많이 들음
   ④ 가스가 건조해지면 수조의 수분을 흡수

(2) 무수식 가스홀더
   탱크 내부 가스는 피스톤이나 다이어프램 밑에 저장되고 가스량의 증감에 따라 피스톤이 상하 왕복운동 하며 가스압력을 유지
   ① 수조가 없으므로 기초가 간단하며 설비 절감
   ② 건조한 상태에서 가스 저장 가능
   ③ 대용량에 적합
   ④ 유수식에 비해 작동 중 가스압 일정

(3) 고압식 홀더(서지탱크)
   가압축하여 저장하는 탱크이며 고압홀더로부터 가스 압송을 할 때는 고압 정압기를 사용하여 압력을 낮추어 공급

12 가스홀더 기능

일정한 제조 가스량을 안정하게 공급하고 남은 가스를 저장

13 압송기

가스탱크에서 도관으로 도시가스가 공급될 때 압력이 가스홀더의 압력보다 낮기 때문에 가스 공급지역이 넓은 경우 가스 압력이 부족하여서 압송기를 사용해 공급

(1) 종류

　① 터보 압송기 : 임펠러의 회전에 의해 가스압을 높이는 방식

　② 가동날개형 회전 압송기

(2) 압송기 용도

　① ([빵꾸1]   ) 수송

　② 재승압

　③ 도시가스 홀더 압력으로 피크 시 가스 홀더 압력만으로 전 필요량을 보낼 수 없을 때

14 ([빵꾸2]   )

일종의 방향 화합물로 가스에 첨가하여 냄새로 확인 가능하도록 하는 물질

15 부취제 종류

(1) ([빵꾸3]   )(Teritary Butyl Mercaptan) : 양파 썩는 냄새

(2) ([빵꾸4]   )(Tetra Hydro Thiophene) : 석탄가스냄새

(3) ([빵꾸5]   )(Dimethyl Sulfide) : 마늘냄새

　　　　　　　　　　　　　　　　암 ① TBM : B 안에 양파 두 개
　　　　　　　　　　　　　　　　　② THT : 석탄 T
　　　　　　　　　　　　　　　　　③ DMS : 마늘 M

메꿈　① 원거리　② 부취제　③ TBM　④ THT　⑤ DMS

16 부취제 구비 조건

(1) 독성이 ([빵꾸1]   )

(2) 극히 낮은 농도에서도 냄새가 확인될 수 있을 것

(3) 가스미터나 가스관에 흡착되지 않을 것

(4) 물에 잘 녹지 않을 것

(5) 화학적으로 안정될 것

(6) 토양에 대해 투과성이 ([빵꾸2]   )

(7) 연료가스 연소 시 완전연소될 것

17 부취제 농도

액화석유가스 누설 시 용량의 ([빵꾸3]   ) 상태에서 감지하도록 냄새 나는 물질을 섞어 충전

18 부취제 취기 강도

(1) TBM : 취기 강도가 가장 강함

(2) THT : 취기 강도 보통

(3) DMS : 취기 강도 약함

19 부취제 주입방법

(1) 액체주입식 부취설비
  ① 펌프주입방식
  ② 적하(중력)주입방식
  ③ 미터연결 바이패스방식

예꿈   ① 없을 것 ② 클 것 ③ 1/1000

(2) 증발식 부취설비

① 바이패스 증발식

② 위크 증발식(심지 증발식)

20 부취설비 관리(부취제 엎질렀을 때)

(1) 활성탄에 의한 흡착

(2) 화학적 산화처리

(3) 연소법

21 조정기 기능

(1) 용기로부터 연소기구에 공급되는 가스 압력을 적당한 압력까지 감압

(2) 공급압력을 유지하고 소비가 중단 되었을 때 가스 차단

22 조정기 목적

가스 유출압력을 조정하여 안정된 연소를 도모하기 위해 사용

23 조정기 종류

(1) 단단 감압식 조정기 : 용기 내 가스압력을 한 번에 소요압력으로 감압하는 방식

① 단단 감압식 저압 조정기 : 단단 감압에 의해 일반소비자에게 LP 가스 공급 시 사용

② 단단 감압식 준저압 조정기 : 액화석유가스를 일반 소비자 등에게 생활용 이외의 것으로 사용하는 데 쓰이는 조정기

③ 단단 감압방법

장점	단점
• 장치가 간단 • 조작이 간단	• 배관이 비교적 굵음 • 최종 압력에 정확을 가하기 힘듦

암 조가 장가간다

(2) 2단 감압식 조정기 : 용기 내 가스압력을 소요압력보다 높은 압력으로 감압한 후 다음 단계에서 소요압력까지 감압하는 방식
  ① 2단 감압용 1차 조정기 : 2단 감압식의 1차용으로 사용됨
  ② 2단 감압용 2차 조정기 : 2단 감압식의 2차측으로 사용됨
  ③ 2단 감압방법

장점	단점
• 공급 압력이 안정 • 중간 배관이 가능 • 각 기구에 알맞게 압력 강하 보정 가능	• 설비가 복잡 • 재액화의 문제 • 검사방법 복잡

(3) 자동절환식 조정기 : 사용 측에서 소요가스 소비량을 충분히 댈 수 없을 때 자동적으로 예비 측 용기로부터 보충하기 위한 방법
(4) 자동절환식 조정기 장점
  ① ([빵꾸1]   )을 넓힐 수 있음
  ② 전체 용기 수량이 수동교체식보다 ([빵꾸2]   )
  ③ ([빵꾸3]   )이 거의 없어질 때까지 소비
  ④ 단단 감압식보다 ([빵꾸4]   )을 크게 할 수 있음

> 메꿈 ① 용기 교환주기 폭 ② 적음 ③ 잔액 ④ 압력손실

24 조정기 조정압력

구분		종류	1단 감압식	
			저압조정기	준저압조정기
입구압력	하한		0.07 MPa	0.1 MPa
	상한		1.56 MPa	1.56 MPa
출구압력	하한		2.3 kPa	5 kPa
	상한		3.3 kPa	30 kPa
내압시험	입구측		3 MPa 이상	3 MPa 이상
	출구측		0.3 MPa 이상	0.3 MPa 이상
기밀시험 압력	입구측		1.56 MPa 이상	1.56 MPa 이상
	출구측		5.5 kPa	조정압력 2배 이상
최대폐쇄압력			3.5 kPa	조정압력 1.25배 이하

구분		종류	자동절체식		
			분리형 조정기	일체형 저압 조정기	일체형 준저압 조정기
입구압력	하한		0.1 MPa	0.1 MPa	0.1 MPa
	상한		1.56 MPa	1.56 MPa	1.56 MPa
출구압력	하한		0.032 MPa	2.55 kPa	5 kPa
	상한		0.083 MPa	3.3 kPa	30 kPa
내압시험	입구측		3 MPa 이상	3 MPa 이상	3 MPa 이상
	출구측		0.8 MPa 이상	0.3 MPa 이상	0.3 MPa 이상
기밀시험 압력	입구측		1.8 MPa 이상	1.8 MPa 이상	1.8 MPa 이상
	출구측		0.15 MPa 이상	5.5 kPa 이상	조정압력의 2배 이상
최대폐쇄압력			0.095 MPa 이하	3.5 kPa	조정압력의 1.25배 이하

25 기화장치의 개요

(1) 기화기 또는 증발기 등으로 불림

(2) 용기 내 액체가스를 전열, 온수 또는 증기 등으로 가열하여 증발시켜 가스화 시키는 것

(3) 자연기화방식보다 설치공간이 작아짐

26 기화장치 장점

(1) ([빵꾸1]) 시 충분히 기화 가능

(2) 기화량 가감 가능

(3) 가스 조성이 일정

(4) 자연기화보다 적은 용기 수, 설치면적이 작아도 됨

27 기화장치 구조

(1) 기화부 : 액체 상태의 LP 가스를 열교환기에 의해 가스화 시키는 부분

(2) 열매온도 제어장치

(3) 열매과열 방지장치

(4) 액유출 방지장치

(5) 안전변 : 기화장치 내압이 이상 상승했을 때 장치 내 가스를 외부로 방출하는 장치

(6) 압력 조정기 : 기화부에서 나온 가스를 일정 압력으로 조정하는 장치

메꿈 ① 한랭

28 기화장치 분류

(1) ([빵꾸1]   ) : 열교환기에 액체상태의 LP가스를 들여보낸 후 기화된 가스를 가스용 조절기에 의해 감압 공급하는 방식

(2) ([빵꾸2]   ) : 액체상태의 LP가스를 조정기 또는 팽창변동을 통해 감압하여 온도를 내려 열교환기에 도입시켜 온수 등으로 가온하여 기화하는 방식

29 배관 내의 압력손실

(1) 마찰저항에 의한 압력손실
  ① 유속의 2승에 비례
  ② 관의 길이에 비례
  ③ 관 안지름의 5승에 반비례
  ④ 관 내벽의 상태와 관계있음
  ⑤ 유체의 점도와 관계있음
  ⑥ 압력과는 관계가 없음

(2) 입상배관에 의한 압력손실

$H = 1.293(S-1)h$

H : 가스의 압력손실(mmH_2O), S : 가스의 비중, h : 입상높이(m)

30 유량계산

$$Q = K\sqrt{\dfrac{D^5 H}{SL}}$$

Q : 가스의 유량(m^3/hr), D : 관 안지름(cm)

H : 압력손실(mmH_2O), S : 가스의 비중

L : 관의 길이(m), K : 유량계수

메꿈 ① 가온 감압방식 ② 감압 가열방식

31 연소기구의 이상 현상

(1) 캐비테이션(공동)현상 : 수중에 융해하고 있는 공기가 석출하여 적은 기포를 발생시키는 현상

※ 캐비테이션 방지책
  ① ([빵꾸1]   ) 펌프를 사용
  ② 수직축 펌프를 사용하고 회전차를 수중에 잠기게 할 것
  ③ 펌프의 회전수를 ([빵꾸2]   )
  ④ 펌프의 설치위치를 낮춰 흡입양정을 ([빵꾸3]   )할 것
  ⑤ 펌프를 두 대 이상 설치할 것

(2) 수격작용 : 관속의 액체 속도를 급격히 변화시키면 액체에 압력 변화가 생겨 물이 관 벽을 치는 현상

※ 수격작용 방지책
  ① 관경을 ([빵꾸4]   ) 하고 관내 유속을 느리게 할 것
  ② 관로에 조압수조를 설치할 것
  ③ 밸브를 펌프 송출구 가까이 설치할 것
  ④ 펌프의 속도가 급격히 변화하는 것을 막을 것

(3) 서징현상 : 펌프 운전 시 주기적으로 운동, 양정, 토출량이 변동하는 현상으로 토출구와 흡입구에서 압력계의 바늘이 흔들리며 동시에 유량이 변함

(4) ([빵꾸5]   ) 현상 : 저비등점 액체를 이송할 때 펌프의 입구 쪽에서 발생하는 현상으로 액상이 기체로 흘러가는 것을 막는 현상

※ 베이퍼록 발생 원인
  ① 흡입관 지름이 작을 때
  ② 펌프의 설치 위치가 높을 때
  ③ 외부에서 열량 침투 시
  ④ 배관 내 온도 상승 시

> 메꿈 ① 양흡입 ② 낮출 것 ③ 짧게 ④ 크게 ⑤ 베이퍼록

※ 베이퍼록 방지법
① 실린더 라이너 외부를 냉각
② 펌프의 설치위치를 ([빵꾸1]   )
③ 흡입관로를 청소
④ 흡입배관을 크게 하고 단열처리 할 것

32 도시가스 제조 가스화 방식에 의한 분류

(1) 열분해 공정 : 나프타, 원유, 중유 등의 분자량이 큰 탄화수소 원료를 고온으로 분해하여 고열량의 가스를 제조하는 공정

(2) 접촉분해 공정 : 촉매를 사용하여 사용온도 400 ~ 800 ℃에서 탄화수소와 수증기와 반응하여 수소, 메탄, 일산화탄소, 에틸렌, 탄산가스, 에탄, 프로필렌 등의 저급 탄화수소로 변환시키는 방법

(3) 부분연소 공정 : 메탄에서 원유까지는 원료를 가스화하는 것으로 산소 또는 공기 및 수증기를 이용하여 메탄, 수소, 일산화탄소, 이산화탄소로 변환하는 방법

(4) ([빵꾸2]   ) 공정 : 수소기류 중 탄화수소 원료를 열분해 또는 접촉분해하여 메탄을 주성분으로 하는 고열량의 가스를 제조하는 방법

(5) ([빵꾸3]   ) 공정 : 천연가스이외의 석탄, 원유, 나프샤, LPG 등의 각종 탄화수소 원료에서 천연가스와 물리적, 화학적 성질이 거의 비슷한 가스를 제조하는 것

33 원료의 송입법에 의한 분류

(1) 연속식 : 원료가 연속적으로 송입되고 가스도 연속으로 발생
(2) 배치식 : 일정량의 원료를 가스화하는 방법
(3) 사이클릭식 : 연속식과 배치식의 중간적인 방법

메꿈   ① 낮춤   ② 수소화분해   ③ 대체천연가스

34 가열방식에 의한 분류

(1) 외열식 : 원료가 들어있는 용기를 외부에서 가열하는 방법

(2) 축열식 : 반응기를 충분히 가열한 후 원료를 송입하여 가스화하는 방법

(3) 부분 연소식 : 원료의 일부를 연소시켜 그 열을 가스화 열원하는 방법

(4) 자열식 : 발열반응에 의해 가스를 발생시키는 방식

35 도시가스 공급방식의 분류

(1) 저압 공급 방식 : 0.1 MPa 미만

(2) 중압 공급 방식 : 0.1 ~ 1 MPa 미만

(3) 고압 공급 방식 : 1 MPa 이상

36 LNG 기화장치

(1) 오픈랙 기화법 : 베이스로드용으로 ([빵꾸1])을 열원으로 사용

(2) 중간매체법 : 베이스로드용으로 프로판, 펜탄 등을 사용

(3) 서브머지드법 : 피크로드용으로 액중 버너 사용

37 가스홀더의 기능

(1) 공급설비의 일시적 중단에 대하여 어느 정도 공급량 확보

(2) 공급가스의 성분, 열량, 연소성 등의 성질을 균일화함

(3) 소비지역 근처에 설치하여 피크 시 공급, 수송효과를 얻음

(4) 가스수요의 시간적 변동에 대하여 공급가스량 확보

메꿈 ① 바닷물

38 정압기 기능

1차 압력 및 부하유량 변동에 관계없이 2차 압력을 일정하게 유지시키는 기능

39 정압기 종류 및 특징

(1) 직동식 정압기
    ① 구조가 간단하며 경제적
    ② 유지관리가 용이하여 널리 쓰임
    ③ 출구압을 일정하게 유지하기가 어려운 것이 단점
    ④ 기본 구성요소 : 메인벨브, 스프링, 다이어프램

(2) ([빵꾸1]   ) 정압기
    ① 언로딩(Unloading)형과 로딩(Loading)형이 있음
    ② 구동압력이 증가하면 개도도 증가
    ③ 로딩형 정압기 : 정특성, 동특성이 양호하며 비교적 콤팩트한 구조

(3) 액시얼-플로우 정압기(AFW : Axial Flow Valve)
    ① 정특성, 동특성이 양호
    ② 고차압이 될수록 특성이 양호
    ③ 소형이며 극히 콤팩트

(4) 레이놀즈식(Reynolds) 정압기
    ① 언로딩(Unloading)형
    ② 정특성은 좋으나 안정성이 떨어짐
    ③ 다른 형식에 비하여 크기가 큼

(5) 파일럿식 기본 구성요소 : 파일럿, 스프링, 다이어프램

메꿈   ① 피셔식(Fisher)

40 정압기 특성

(1) ([빵꾸1]   ) : 정상 상태에서 유량과 2차 압력과의 관계

(2) 동특성 : 부하변동에 대한 응답의 신속성과 안정성 요구

(3) 유량특성 : 메인밸브의 열림과 유량과의 관계

41 펌프의 분류

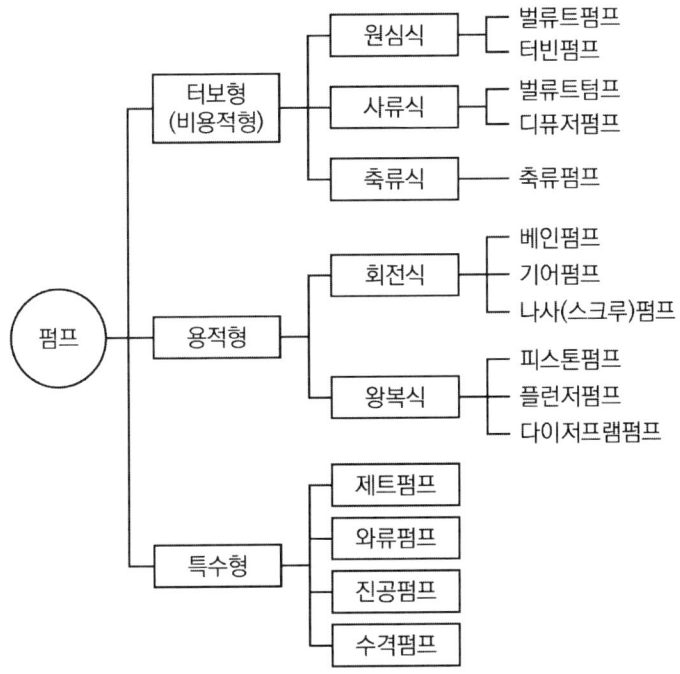

메꿈   ① 정특성

42 원심펌프 특징

(1) 용량에 비해 소형이고 설치면적이 작음

(2) 원심력에 의해 유체를 압송

(3) 흡입, 토출밸브가 없고 액의 맥동이 없음

(4) 고양정에 적합

(5) 서징현상, 캐비테이션 현상이 발생하기 쉬움

(6) 기동 시 펌프내부에 유체를 충분히 채울 것

43 펌프의 축동력

(1) $PS = \dfrac{\gamma QH}{75 \times \eta}$

(2) $kW = \dfrac{\gamma QH}{102 \times \eta}$

γ : 액체의 비중량 (kgf/m^3), Q : 유량 (m^3/s), H : 전양정 (m), η : 효율

44 펌프의 회전수

(1) 전동기의 동기속도 (N)

$N = \dfrac{120}{P} f$

f : 주파수, P : 극수

(2) 펌프의 회전수 (R)

$R = N\left(1 - \dfrac{S}{100}\right) = \dfrac{120}{P} f\left(1 - \dfrac{S}{100}\right)$

45 금속재료 원소의 영향

(1) 탄소(C) : 인장강도 항복점 증가, 연신율 충격치 감소

(2) 망간(Mn) : 강의 경도, 강도, 점성강도 증대

(3) 인(P) : 상온취성 원인

(4) 황(S) : 적열취성 원인

(5) 규소(Si) : 단접성, 냉간 가공성 저하

46 열처리의 종류

(1) 담금질 : 강도, 경도 증가

(2) 불림 : 결정조직의 미세화

(3) 풀림 : 내부응력 제거, 조직의 연화

(4) 뜨임 : 연성, 인장강도 부여, 내부응력 제거

47 비파괴 검사

(1) 육안검사(VT : Visual Test)

(2) ([빵꾸1]   ) (PT : Penetrant Test) : 표면의 미세한 균열, 작은 구멍, 슬러그 등을 검출

(3) 자기검사 (([빵꾸2]   ) : Magnetic Test) : 피검사물이 자화한 상태에서 표면 또는 표면에 가까운 손상에 의해 생기는 누설 자속을 사용하여 검출

(4) 초음파검사(UT : Ultrasonic Test) : 초음파를 피검사물의 내부에 침입시켜 반사파를 이용하여 내부의 결함과 불균일층의 존재 여부를 검사하는 방법

(5) 와류검사 : 동 합금, 18 - 8 STS의 부식검사에 사용

(6) 음향검사 : 간단한 공구를 이용하여 음향에 의해 결함 유무를 판단

(7) 전위차법 : 결함이 있는 부분에 전위차를 측정하여 균열의 깊이를 조사

메꿈 ① 침투검사 ② MT

(8) ([빵꾸1]   ) (([빵꾸2]   ) : Rediographic Test) : X선이나 γ선으로 투과한 후 필름에 의해 내부 결함의 모양, 크기 등을 관찰할 수 있으며 검사 결과의 기록이 가능

48 저장장치

1) 용기 종류
   (1) 이음새 없는 용기
      ① 산소, 질소, 수소, 아르곤 등의 고압 액화가스 충전용으로 사용
      ② 상용온도에서 압력 1 MPa 이상의 압축가스
      ③ 상용온도에서 압력이 0.2 MPa 이상의 액화가스
      ④ 용해 아세틸렌 충전하는 내용적 0.1 L 이상, 500 L 이하 이음새 없는 강철제 용기
         • 용기 재료 : 염소, 암모니아 등 저압 용기 : 탄소강 사용
         • 산소, 수소 등 고압 용기 : 망간강 사용
      ⑤ 초저온 용기 : 오스테나이트계 스테인리스강, 알루미늄 합금
      ⑥ 이음새 없는 용기 장점 : 고압에 견디기 쉬움
   (2) 용접 용기
      ① 강판을 사용하여 용접에 의해 제작
      ② 프로판 용기 및 아세틸렌 용기 등 비교적 저압용 용기로 많이 사용
      ③ 용접 용기 장점 : 비교적 저렴한 강판 사용하므로 경제적
   (3) 용기 재질
      ① LPG : ([빵꾸3]   )
      ② 염소(Cl_2) : 탄소강
      ③ 아세틸렌(C_2H_2) : 탄소강
      ④ 암모니아(NH_3) : 탄소강

메꿈   ① 방사선 투과 검사   ② RT   ③ 탄소강

⑤ 산소(O_2) : ([빵꾸1]   )
⑥ 수소(H_2) : 크롬강(5~6 %)
⇒ 내수소성 증가 : 바나듐(V), 텅스텐(W), 몰리브덴(Mo), 타탄(Ti)

                                          암 엘염아암탄, 수산크

2) 용기 시험
  (1) 내압시험 : 수압으로 행하며 수조식과 비수조식이 있음
     ① 수조식 : 용기를 수조에 넣어 수압을 가하는 방식
     ② 비수조식 : 용기를 수조에 넣지 않고 수압에 의해 가압하여 시험하는 방식
  (2) 내압시험 기준
     ① 압축가스 및 액화가스 = 최고충전압력(FP) × ([빵꾸2]   )
     ② 아세틸렌 용기 내압시험 = 최고충전압력(FP) × 3 배
     ③ 고압가스 설비 내압시험 = 상용압력 × 1.5 배
  (3) 기밀시험 : 내압이 확인된 용기에 공기 또는 불활성 가스를 가압하여 측정
     ① 사용되는 가스 : 질소(N_2), 이산화탄소(CO_2) 등 불활성가스
     ② 시험압력 이상의 기체를 압입하여 1분 이상 유지하고 비눗물 사용
  (4) 기밀시험 기준
     ① 초저온 및 저온 용기 기밀시험 = 최고충전압력(FP) × ([빵꾸3]   )
     ② 아세틸렌 용기 기밀시험 = 최고충전압력(FP) × ([빵꾸4]   )
     ③ 기타 용기 기밀시험 = 최고충전압력 이상

                                          암 초최일일, 아최일팔

메꿈   ① 크롬강   ② 5/3 배   ③ 1.1 배   ④ 1.8 배

49 초저온 액화가스 저장 탱크

산소, 질소, 아르곤, 수소, 액화 천연가스, 헬륨 등 공업용 액화가스 저장에 사용되는 용기이며 18 - 8 스테인리스강, Al 합금 사용

50 용기 밸브

(1) 충전구 형식에 의한 분류
  ① A형 : 충전구가 ([빵꾸1]   )
  ② B형 : 충전구가 ([빵꾸2]   )
  ③ C형 : 충전구에 나사가 없는 것

(2) 충전구 나사형식에 의한 분류
  ① 왼나사 : 가연성가스 용기 (단, 액화암모니아, 액화브롬화메탄은 오른나사)
  ② 오른나사 : 가연성가스 외의 용기

51 충전용기 안전장치

(1) 스프링식 안전밸브 : 일반적으로 가장 널리 사용 ⇒ ([빵꾸3]   )

(2) 가용전식 안전밸브 : 용기 내 온도가 규정온도 이상이면 녹이 용기 내 전체가스 배출 ⇒ 염소, 아세틸렌, 산화에틸렌 용기

(3) ([빵꾸4]   ) 안전밸브 : 얇은 박판 주위를 홀더로 공정하여 보호하는 장치에 설치 ⇒ 산소, 수소, 질소, 액화이산화탄소 용기

(4) 초저온 용기 : 스프링식과 파열판식의 2중 안전밸브

메꿈 ① 숫나사 ② 암나사 ③ LPG 용기 ④ 파열판식

52 방식 방법

(1) 부식을 억제하는 방법
   ① 부식환경의 처리에 의한 방식법
   ② 피복에 의한 방식법
   ③ 부식억제제에 의한 방식법
   ④ 전기 방식법

(2) 전기 방식법 : 매설배관에 직류전기를 공급해 주거나 배관보다 저전위 금속을 배관에 연결하여 양극반응을 억제시켜주는 방법
   ① 종류
   - 유전 양극법(희생 양극법) : 마그네슘 이용, 지중·수중 설치된 양극금속과 매설배관을 전선 연결하여 양극금속과 매설배관 등 사이의 전지작용에 의해 전기적 부식 방지
   - 외부 전원법 : 한전 전원을 직류로 전환하여 가스관에 전기를 공급, 외부직류전원장치 양극(+)은 토양이나 수중 설치한 외부전원용 전극에 접속, 음극(-)은 매설배관에 접속시켜 전기적 부식 방지
   - ([빵꾸1]) : 직류전기철도 이용, 매설배관 전위가 주위 다른 금속구조물 보다 높은 장소에서 전기적 접속시켜 유입된 누출전류를 복귀시키며 전기적 부식 방지
   - 강제 배류법 : 외부전원법과 배류법의 병용
   ② 유지관리 기준
   - 전기방식 전류가 흐르는 상태에서 토양 중에 있는 배관 등의 방식전위는 포화황산동 기준전극으로 -0.85 V 이하 (황산염환원 박테리아가 번식하는 토양에서는 -0.95 V 이하)이어야 하며, 방식전위 하한값을 전기철도 등의 간섭영향을 받는 곳을 제외하고는 포화황산동 기준전극으로 -2.5 V 이상이 되도록 노력할 것

> 메꿈 ① 배류법

- 전기방식 전류가 흐르는 상태에서 자연전위와의 전위변화가 최소한 -300 mV 이하일 것
- 배관에 대한 전위측정은 가능한 가까운 위치에서 기준전극으로 실시할 것
- 전위 측정용 터미널 (TB) 설치 기준
  ㉠ 희생양극법, 배류법 : ([빵꾸1]   )
  ㉡ 외부전원법 : 500 m
- 전기방식 시설의 유지관리
  ㉠ 관대지전위 점검 : 1년에 1회 이상
  ㉡ 외부 전원법 전기방식시설 점검 : 3개월에 1회 이상
  ㉢ 배류법 전기방식시설 점검 : 3개월에 1회 이상
  ㉣ 절연부속품, 역 전류방지장치, 결선, 보호절연체 점검 : 6개월에 1회 이상

53 고압밸브

(1) 스톱밸브

(2) ([빵꾸2]   ) : 유체의 높은 압력을 낮은 압력으로 감압하기 위해 사용

(3) 조절밸브 : 온도, 압력, 액면 등의 제어에 사용

(4) 안전밸브 : 압력이 일정 값 이상으로 상승하며 위험하기 때문에 압력 이상 상승 경우 압력밸브를 작동시켜 소정의 값까지 내리기 위해 사용

(5) 체크밸브
  ① 유체 ([빵꾸3]   )를 막기 위해 설치
  ② 고압배관 중 사용
  ③ 체크밸브 작동은 신속하고 확실하게

메꿈   ① 300 m   ② 감압밸브   ③ 역류

54 가스 배관

(1) 가스배관 경로 선정 요소
  ① ([빵꾸1]   )거리로 할 것
  ② 구부러지거나 오르내림을 적게 할 것
  ③ 은폐하거나 매설은 피할 것
  ④ 가능한 한 옥외에 할 것

(2) LP 가스 공급, 소비설비 압력손실 요인
  ① 배관 직관부에서 일어나는 압력손실
  ② 관의 입상(입하는 압력상승)에 의한 압력손실
  ③ 엘보, 티, 밸브 등에 의한 압력손실
  ④ 가스미터, 콕 등에 의한 압력손실

(3) 배관계에서의 응력 원인
  ① 열팽창에 의한 응력
  ② 내압에 의한 응력
  ③ 냉간 가공에 의한 응력
  ④ 용접에 의한 응력
  ⑤ 배관 재료 또는 파이프 속을 흐르는 유체의 무게에 의한 응력

(4) 배관의 종류 및 기호
  ① 배관용 탄소강관 : SPP
  ② 압력배관용 탄소강관 : ([빵꾸2]   )
  ③ 고압배관용 탄소강관 : SPPH
  ④ 고온배관용 탄소강관 : ([빵꾸3]   )
  ⑤ 저온배관용 강관 : ([빵꾸4]   )
  ⑥ 배관용 합금강관 : SPA

> 메꿈 ① 최단 ② SPPS ③ SPHT ④ SPLT

CHAPTER 08 냉동사이클

1 사이클

(1) 사이클 : 열기관이나 냉동기 등에서 어느 물질이 한 일점에서 시작하여 몇 개의 변화를 연속적으로 이루면서 원점으로 다시 오는데 이와 같이 동작이 같은 변화를 반복하는 것

(2) 카르노사이클 : 2개의 등온저장조 사이에 작동하는 사이클 중에서 모든 과정이 가역이라고 가정한 사이클로, 카르노사이클을 능가하는 효율을 가진 열기관은 존재할 수 없음

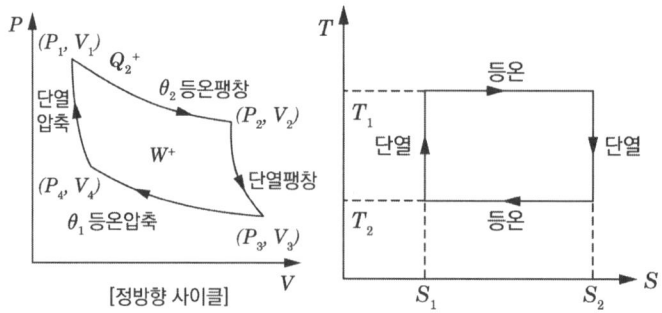

[정방향 사이클]

- 기체를 등온팽창 (1 → 2) → 단열팽창 (2 → 3) → 등온압축 (3 → 4) → 단열압축 (4 → 1) 순서로 변화시켜 처음의 상태로 복귀시키는 열역학적 사이클

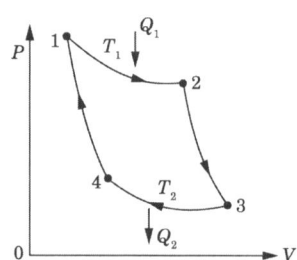

(3) 역카르노사이클 (냉동사이클) : 카르노사이클이 역으로 순환하는 사이클을 역카르노사이클이라고 하며, 냉동기 또는 열펌프의 이상적인 사이클로 단열과정 2개와 등온과정 2개로 구성되어 있음

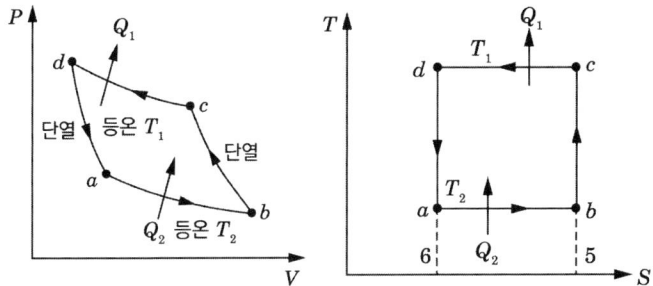

• 냉동작용을 위해 냉매의 상태변화를 유발하는 사이클

2 성적계수(COP : Coefficient of Performance)

냉동기의 효율을 표시하는 척도로 냉동능력 Q_2와 소요일량 A_w와의 비가 사용되는데 이 비를 냉동기의 성적계수라고 한다.

3 역카르노사이클 이론 성적계수

$$COP = \frac{Q_2}{A_w} = \frac{증발열량}{압축일의 열량} = \frac{Q_2}{Q_1 - Q_2} = \frac{T_2}{T_1 - T_2}$$

T_1 : 응축 절대온도

T_2 : 증발 절대온도

Q_1 : 응축부하

Q_2 : 증발부하

4 실제적 성적계수

$$\epsilon_0 = \frac{냉동능력(kcal/h)}{압축소요마력 \times 632(kcal/h)} = \epsilon \times \eta_c \times \eta_m$$

$$압축효율(\eta_c) = \frac{기본적 마력}{실제적 마력}$$

$$기계효율(\eta_m) = \frac{실제적 마력}{운전소요 마력}$$

5 열 펌프의 성적계수

$$\epsilon = \frac{q_1}{A_w} = \frac{고온체에 공급한 열량}{공급일} = \frac{T_1}{T_1 - T_2}$$

(1) ([빵꾸1]) : 열이 자연적으로 흘러가는 방향의 반대 방향으로 열을 흐르게 하는 장치나 기계로, 냉장고, 에어컨, 난방기, 냉동기 등이 해당됨

(2) 열기관의 열효율 (η) : $\eta < 1$

(3) 냉동기, 열펌프의 성적계수는 항상 1보다 크며, 성적계수는 큰 것이 좋음

매꿈 ① 열 펌프

6 압축냉동사이클과 몰리에르 선도

(1) 과냉각도가 크면 클수록 팽창밸브 통과 시 플래시가스 발생량이 감소하므로 냉동능력이 증대 됨

(2) 과냉각과정 → 과냉각도 = 응축온도 (t_f) - 팽창밸브 직전액온도(t_c)

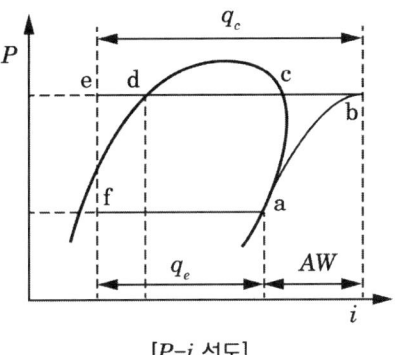

[$P-i$ 선도]

- a → b : 압축기
- b → e : 응축기
- e → f : 팽창밸브
- f → a : 증발기

7 기준냉동사이클

냉동기 능력 즉, 표준톤의 계산에는 사용조건에 따라 다르다. 따라서 어느 일정한 기준이 필요하며 이 정해진 온도 조건에 의한 사이클을 기준 냉동 사이클이라 하며 다음과 같은 조건하에 발생할 수 있는 표준톤의 수로서 능력을 계산한다.

(1) 응축온도(응축 압력에 대한 포화온도) : 30 ℃(86 °F)

(2) 과냉각도 : 5 ℃

(3) 증발온도(흡입 압력에 대한 포화온도) : -15 ℃(5 °F)

(4) 압축기 흡입가스 : 건조포화증기(-15 ℃)

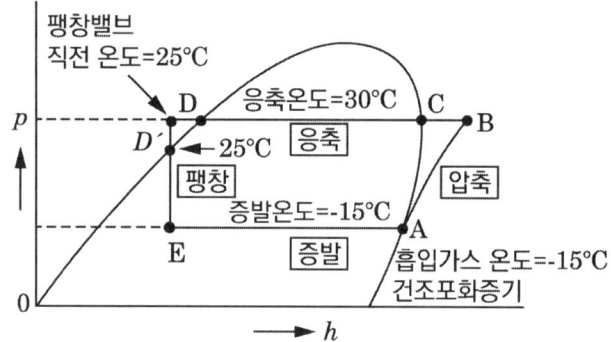

[$P-h$ 선도상의 기준 냉동사이클 표시]

CHAPTER 09 가스계측

1 단위 및 측정

(1) 기본단위 : 길이(m), 무게([빵꾸1]   ), 시간(s), 온도([빵꾸2]   ), 전류(A), 몰질량(mol), 광도(cd)

(2) 계측기 구비조건
   ① 견고하고 신뢰성이 있을 것
   ② 정도가 높고 경제적일 것
   ③ 원격 지시 및 기록이 가능할 것
   ④ 경년변화가 적고 내구성이 있을 것
   ⑤ 연속측정이 가능할 것
   ⑥ 구조가 간단하고 취급, 보수가 쉬울 것

(3) 측정방법의 구분
   ① 직접 측정 : 길이, 시간, 무게
   ② 간접 측정 : 길이와 시간을 측정하여 속도 계산, 구의 지름을 측정하여 부피 계산

(4) 측정방법의 종류
   ① ([빵꾸3]   ) : 측정량과 관계있는 다른 양으로 변환시켜 측정하는 방법으로 정도는 낮지만 측정이 간단하며 부르동관 압력계, 스프링식 저울이 해당됨
   ② ([빵꾸4]   ) : 미리 알고 있는 측정량과 측정치를 평형시켜 알고 있는 양의 그기로부터 측정량을 알아내는 방법으로 대표 적인 예로서 천칭을 이용하여 질량을 측정하는 방식

> 메꿈 ① kg ② K ③ 편위법 ④ 영위법

③ 치환법 : 지시량과 미리 알고 있는 다른 양으로부터 측정량을 나타내는 방법

④ 보상법 : 측정량과 거의 같은 미리 알고 있는 양을 준비하여 측정량과 미리 알고 있는 양의 차이로서 측정량을 알아내는 방법

(5) 오차 및 기차, 공차

① 오차 : 측정값과 참값의 차이

$$오차율(\%) = \frac{측정값 - 참값}{측정값(또는 참값)} \times 100$$

- 과오에 의한 오차 : 측정자의 부주의, 과실에 의한 오차
- 우연오차 : 오차의 원인을 모르므로 보정이 불가능(여러 번 측정하여 통계적으로 처리)
- ([빵꾸1]   ) : 원인을 알 수 있어 제거가 가능하며, 계기오차, 환경오차, 개인오차, 이론오차 등이 있음

② 기차 : 계측기가 제작 당시부터 가지고 있는 고유의 오차

$$E = \frac{I - Q}{I} \times 100$$

E : 기차(%), I : 시험용 미터의 지시량, Q : 기준미터의 지시량

③ 공차 : 계측기 고유오차의 최대 허용한도를 사회규범, 규정에 정한 것
- 검정공차 : 검정을 받을 때의 허용기차
- 사용공차 : 계량이 사용 시 계량법에서 허용하는 오차의 최대한도

(6) 정도와 감도

① 정도 : 측정 결과에 대한 신뢰도를 수량적으로 표시한 척도

② ([빵꾸2]   ) : 계측기가 측정량의 변화에 민감한 정도를 나타내는 값

메꿈 ① 계통적 오차 ② 감도

※ 대표적인 물리량의 단위와 차원

물리량 \ 차원	FLT계	MLT계	물리량 \ 차원	FLT계	MLT계
힘	F	MLT^{-2}	밀도	$FL^{-4}T^2$	ML^{-3}
길이	L	L	운동량	FT	MLT^{-1}
질량	$FL^{-1}T^2$	M	토오크	FL	ML^2T^{-2}
시간	T	T	압력	FL^{-2}	$ML^{-1}T^{-2}$
면적	L^2	L^2	동력	FLT^{-2}	ML^2T^{-3}
속도	LT^{-1}	LT^{-1}	점성계수	$FL^{-2}T$	$ML^{-1}T^{-1}$
각속도	T^{-1}	T^{-1}	동점성계수	L^2T^{-1}	L^2T^{-1}
비중량	FL^{-3}	$ML^{-2}T^{-2}$	에너지, 열	FL	ML^2T^{-2}

2 시험지법

검지가스	시험지	반응
암모니아(NH_3)	([빵꾸1])	청변
일산화탄소(CO)	염화팔라듐지	([빵꾸2])
시안화수소(HCN)	초산벤지진지	청변
황화수소(H_2S)	([빵꾸3])	흑변
아세틸렌(C_2H_2)	염화제일동(초산납시험지)	([빵꾸4])
염소(Cl_2)	요오드화칼륨(KI-전분지)	청변
포스겐($COCl_2$)	하리슨 시약지	([빵꾸5])

암 암리청, 일염흑, 시초청, 황연흑, 아염적, 염요청, 포하유

메꿈 ① 리트머스지　② 흑변　③ 연당지　④ 적갈색　⑤ 유자색

3 가연성 가스 검출기

(1) 안전등형 : ([빵꾸1]   )

(2) 간섭계형 : 가스 굴절률차를 이용한 가스분석

(3) 열선형 : 열전도식, 연소식

(4) 반도체식 : 반도체 소자에 가스를 접촉시키면 전압의 변화를 이용한 것으로 반도체 소자로 산화주석(SnO_2) 사용

4 흡수 분석법

혼합가스를 특정 흡수액에 흡수시켜 전후 가스용적 차에서 흡수된 가스량을 구하여 분석

(1) ([빵꾸2]   ) 분석순서

① CO_2(이산화탄소) : ([빵꾸3]   ) 30 g/H_2O 100 ml

② CmHn(중탄화수소) : 무수황산 25 %를 포함한 발연황산

③ O_2(산소) : 수산화칼륨(KOH) 60 g/H_2O 100 ml + ([빵꾸4]   ) 12 g/H_2O 100 ml

④ CO(일산화탄소)

_암 이중산일 헴

(2) 오르자트법 분석순서

① CO_2(이산화탄소) : 수산화칼륨(KOH) 30 % 수용액

② O_2(산소) : 알칼리성 피로카롤 용액

③ CO(일산화탄소) : ([빵꾸5]   )

_암 오 이산일

(3) 게겔법

메꿈 ① 메탄가스 검출 ② 헴펠법 ③ 수산화칼륨(KOH) ④ 피로카롤 ⑤ 암모니아성 염화 제1동 용액

5 연소 분석법

공기 또는 산소에 의해 연소되고 그 결과로 생긴 용적 감소, 이산화탄소 생성, 산소 소비량 등을 측정하여 분석

(1) 폭발법 : 가연성 가스 시료를 넣고 산소 또는 공기를 혼합하여 폭발시켜 분석

(2) 완만 연소법 : 완만연소 피펫으로 시료 가스의 연소를 행하는 방법

(3) 분별 연소법 : 2종 이상의 동족 탄화수소와 H_2가 혼재하고 있는 시료에서 H_2 및 CO를 분별적으로 완전 산화 시키는 방법

6 기기 분석법

(1) 가스크로마토그래피 : 캐리어가스 유량을 조절하면서 흘려 넣고 측정 가스는 시료 도입부를 통하여 공급하면, 측정가스와 캐리어가스가 분리관에서 분리되어 시료 성분을 검출기에서 측정

(2) 캐리어 가스 조건 : 시료와 반응하지 않는 불활성 기체(수소, 헬륨, 질소, 아르곤)

(3) 가스크로마토그래피 검출기 종류
　① 열전도형 검출기(([빵꾸1]   )) : 캐리어 가스와 시료성분 가스의 열전도도차로 검출하며 일반적으로 가장 널리 사용
　② 수소이온화 검출기(FID) : 염으로 시료성분이 이온화됨으로써 염증에 놓여진 전극간의 전기전도도가 증대하는 것을 이용
　　⇒ 탄화수소에서의 감도가 최고
　③ 전자포획이온화 검출기(([빵꾸2]   )) : 유기 할로겐 화합물, 니트로 화합물 및 유기금속 화합물을 검출

(4) 가스크로마토그래피 구성 요소 : 검출기, 컬럼(분리관), 기록계

(5) 질량 분석법

메꿈　① TCD　② ECD

(6) 적외선 분광 분석법 : 분자 진동 중 쌍극자 모멘트의 변화를 일으키는 진동에 의해 적외선 흡수가 일어나는 것을 이용하며 단원자 분자(He, Ne, Ar 등) 및 2원자 분자(H_2, O_2, N_2, Cl_2 등)는 적외선을 흡수하지 않아서 분석할 수 없음

7 압력계 구분

(1) 1차 압력계 : 압력 ([빵꾸1]   ) 측정
　① 액주식
　② 자유피스톤식

(2) 2차 압력계 : 압력 간접 측정
　① 부르동관식
　② 다이어프램식
　③ 벨로스식
　④ 전기식
　⑤ 피에조 전기압력계식

(3) 측정 방법
　① 탄성 이용
　② 전기적 변화 이용
　③ 물질변화 이용

8 압력계 종류

(1) 액주식
　① U자관식
　② 단관식
　③ 경사관식

메꿈　① 직접

(2) 부르동관식 : 2차 압력계 중 일반적인 것으로 가장 많이 사용하며 ([빵꾸1]   )을 이용
  ① 저압일 경우 재질 : 황동, 인청동, 니켈, 청동
  ② 고압일 경우 재질 : 니켈강, 특수강, 인발관, 강
  ③ 눈금 범위는 상용압력의 1.5배 이상 2배 이하로 사용
  ④ 가연성 가스의 압력계와 혼용 시 폭발의 위험이 있음
  ⑤ 유지류와 접촉 시 산화폭발의 위험이 있음

(3) 부르동관 압력계 주의사항
  ① 안전장치를 한 것을 사용
  ② 압력계에 가스를 유입하거나 빼낼 때 서서히 조작
  ③ 온도변화나 진동, 충격이 적은 장소에 설치

(4) 다이어프램식 : 얇은 막 형태로 미소 압력 변화에서 대응된 수직방향 팽창 수축 압력계
  ① 재질 : 천연고무, 합성고무, 테프론, 가죽 등 비금속 재료
  ② 극히 미소한 압력 측정 가능
  ③ 차압 측정 가능
  ④ 응답이 빠르나 온도 영향을 받기 쉬움

(5) 벨로스식 : 얇은 금속판으로 만들어진 원통에 ([빵꾸2]   )이 있으며 탄성을 이용한 압력계
  ① 유체 내 먼지 영향이 적음
  ② 압력 변동에 적응하기 어려움
  ③ 진공압 및 차압 측정용
  ④ 측정압력 범위 : 0.01 ~ 10 kg/cm^2

(6) 전기저항 압력계 : 금속 전기저항이 압력에 의해 변화하는 것을 이용한 압력계

메꿈   ① 탄성   ② 주름

(7) 피에조 전기 압력계 : 특정방향에 압력을 가해서 일어난 전기량이 압력계에 비례

9 유량계 구분

직접법	• 중량이나 용적 유량을 직접 측정 ※ 오벌 기어식, 루트식, 로터리 피스톤식, 로터리 베인식, 습식가스미터, 왕복피스톤식
간접법	• 유속을 측정하여 유량을 구하는 방법 • 베르누이 정리 이용 ※ 차압식 유량계, 면적식 유량계(부자식, 로터미터), 유속식 유량계(임펠러식, 피토관, 열선식)
고압용 유량계	• 압력 천평, 전기 저항식 유량계, 부자식(플로식) 유량계
용적식 유량계	• 오벌 유량계, 가스미터, 로터리 팬, 루트 유량계, 로터리 피스톤
면적식 유량계	• 플로트형, 피스톤형, 게이트형, 로터미터

(1) 로터미터(([빵꾸1]   ) 가변식 유량계) 장점

   ① 소용량 측정 가능
   ② 압력손실이 적으며 거의 일정
   ③ 유효 측정범위가 넓음
   ④ 장치 간단

10 차압식 유량계

(1) 벤투리미터 : 입구 바로 앞 및 목부분의 압력차를 측정하여 유량을 구하는 계측장치

(2) ([빵꾸2]   )유량계 : 관 도중 조리개를 넣어 조리개 차압을 이용해 유량 측정하는 계측기

(3) 플로노즐 : 유체관 내에 노즐 등과 같은 차압기구를 설치하여 기구 전후 압력차가 유속에 비례하여 변하는 것을 이용

> 메꿈   ① 면적   ② 오리피스

11 온도계 구분

분류				
접촉식 온도계	열팽창을 이용한 팽창식 온도계	유리제 온도계	알코올 온도계	-
			수은 온도계	
			베크만 온도계	
		압력식 온도계	액체 팽창식	
			기체 팽창식	
			증기 팽창식	
		고체 팽창식 온도계	바이메탈 온도계	
	전기저항을 이용한 저항 온도계	저항치 증가	백금 저항체	측정범위가 넓고 안정
			니켈 저항체	가격이 저렴
			동 저항체	고온에서 산화
		저항치 감소	서미스터	온도상승에 따라 저항률 감소
	열기전력을 이용한 열전대 온도계	열전대 온도계 (제백효과)	([빵꾸1])	0 ~ 1,800 ℃ 의 고온측정용
			크로멜-알루멜	비금속 열전대
			철-콘스탄탄	기전력이 크고 값이 쌈
			동-콘스탄탄	200 ~ 400 ℃ 의 저온용
비접촉식 온도계	방사 온도계	열전대를 직렬로 접촉시켜 물체에서 나오는 복사열 측정		
	색 온도계	물체에서 발생하는 빛의 밝고 어두움을 이용		
	광고 온도계	측정 대상물체의 빛과 전구 빛을 같게 하여 저항을 측정		
	광전관식 온도계	광전지 또는 광전관을 사용하여 자동으로 측정		

> 메꿈 ① 백금-백금로듐

12 열전대 구비조건

(1) 열기전력이 크고 특성이 안정될 것
(2) 전기저항 및 열전도율이 ([빵꾸1]   )
(3) 내열성이 크고 고온 가스에 대한 내식성이 없을 것
(4) 재료 공급이 쉬우며 가격은 쌀 것

13 저항온도계 저항선 구비조건

(1) 저항계수가 클 것
(2) 온도변화에 따른 저항값이 규칙적일 것
(3) 동일 특성을 얻기 쉬울 것
(4) 화학적, 물리적으로 안정할 것

14 온도계 특징

(1) 서미스터 온도계
  ① 온도계수가 큼
  ② 흡습에 의해 열화되기 쉬움
  ③ 응답이 빠르며 미소 온도차 측정 가능
(2) 접촉식 온도계
  ① 측정 온도의 오차가 적음
  ② 측정시간이 많이 소요
(3) 비접촉식 온도계
  ① 이동 물체의 온도 측정 가능
  ② 고온(1,000 ℃) 이상 측정 유리

메꿈   ① 작을 것

15 액면계

용기나 탱크 속에 들어 있는 액의 위치를 파악하기 위한 계기

16 액면계 구분

구분	종류		원리	특징
직접식	편위식 액면계		부력으로 액면 측정	-
	([빵꾸1]) 액면계 (부자식)		액면에 띄운 부자의 위치를 이용하여 액면 측정	
	유리관식 액면계		탱크의 액면과 같은 높이의 액체가 유리관에 나타나는 것을 이용하여 액면 측정	
	검척식 액면계		-	
간접식	([빵꾸2]) 액면계	압력식 액면계	액면 높이에 따른 압력을 측정하여 액의 높이를 측정	고압 밀폐탱크 측정
		햄프슨식 액면계		극저온 저장조 액면 측정
	퍼지식 액면계		탱크 속 파이프 끝 부분의 공기압을 압력계로 측정하여 액면 측정	압력식 액면계
	방사선식 액면계		방사선 세기 변화 측정	고온, 고압용
	초음파식 액면계		초음파를 발사하여 되돌아오는 시간을 측정하여 액면 측정	액면 제어용
	정전용량식 액면계		정전 용량 검출 프로브를 액중에 넣어 측정	-

> 메꿈 ① 플로트식 ② 차압식

17 가스 경보농도

(1) 가연성 가스 : 폭발하한계의 ([빵꾸1]   )이하

(2) 독성가스 : 허용농도 이하(NH_3를 실내에서 사용하는 경우 : 50 ppm)

18 경보기 정밀도

(1) 가연성 가스 : ±25 % 이하

(2) 독성가스 : ±30 % 이하

19 검지에서 발신까지 걸리는 시간

(1) 경보농도의 1.6배 농도 : 30초 이내

(2) 암모니아(NH_3), 일산화탄소(CO) : 60초 이내

20 지시계 눈금범위

(1) 가연성 가스 : 0 ~ 폭발하한계

(2) 독성가스 : 0 ~ 허용농도 3배 이하

  (NH_3를 실내에서 사용하는 경우 : 150 ppm)

메꿈 ① 1/4

CHAPTER 10 가스미터

1 가스미터 종류

2 가스미터 특징

(1) 막식 가스미터
  ① 값이 쌈
  ② 설치 후 유지관리에 시간이 많이 필요하지 않음
  ③ 대용량은 설치면적이 큼

(2) ([빵꾸1]   )
  ① 계량이 정확
  ② 사용 중 기차의 변동이 크지 않음
  ③ 사용 중 수위조정 등의 관리가 필요
  ④ 설치면적이 큼
  ⑤ 실험실용으로 사용

> 메꿈   ① 습식 가스미터

(3) ([빵꾸1]   )

① 대용량 가스 측정에 적합
② 설치면적이 작음
③ 중압가스의 계량 가능
④ 소유량은 부동의 우려가 있음
⑤ 여과기 설치 및 설치 후 관리 필요

3 가스미터 검정

(1) 유효기간을 넘긴 것은 분해수리를 행하여 재검정을 받아야함

(2) 유효기간 중 사용공차(±4 %) 이상의 기차가 있거나 파손 고장을 일으킨 것은 재검정을 받아야 함

(3) 가스미터 유효기간 : 5년

4 가스미터 고장

(1) ([빵꾸2]   ) : 가스가 미터를 통과하나 미터지침이 작동하지 않음

(2) ([빵꾸3]   ) : 가스가 미터를 통과하지 않음

(3) 기차불량 : 사용공차(±4 %)를 넘어서는 경우

(4) 감도불량

(5) 이물질로 인한 불량

5 가스미터 감도 유량

가스미터가 작동하기 시작하는 최소유량

(1) 막식 가스미터 : 3 L/h 이하

(2) LPG용 가스밑 : 15 L/h 이하

메꿈 ① 루츠식 가스미터 ② 부동 ③ 불통

6 가스미터 구비조건

(1) 내구성이 클 것

(2) 감도가 좋고 압력손실이 적을 것

(3) 구조가 간단하고 수리가 용이할 것

(4) 소형경량이며 용량이 클 것

(5) 수리가 쉬울 것

(6) 정확히 계량할 것

(7) 오차조정이 용이할 것

7 가스미터의 최대 유량의 공칭값 및 최소량

Q_{max} $[m^3/h]$	Q_{min}의 상한 $[m^3/h]$
1	0.016
1.6	0.016
2.5	0.016
4	0.025
6	0.04
10	0.06
16	0.1
25	0.16
40	0.25
65	0.4
100	0.65
160	1
250	1.6
400	2.5
650	4
1000	6.5

8 가스미터선정 시 고려사항

(1) 사용 시 기차가 작아서 정확하게 계량할 수 있는 것을 선택
(2) 사용 시 기차가 작아야 하며 사용 기차는 ±4% 이하로 적을 것

9 가스미터 설치 기준

(1) 수직, 수평으로 부착할 것
(2) 입구와 출구의 구별이 명확할 것
(3) 가스미터 또는 배관에 상호 과잉의 힘이 작용되지 않도록 할 것

10 가스미터 성능

(1) 기밀시험 : 10 kPa
(2) 가스미터 및 배관에서의 압력손실 : 0.3 kPa
(3) 검정공차 : ±1.5 %
(4) 사용공차 : 검정기준에서 정하는 최대 허용 오차의 2배 값
(5) 검정 유효기간 : 5년 (단, LPG 가스미터 : 3년, 기준 가스미터 : 2년)
(6) 계량기 호칭 : "호"로 표시 (1호의 의미 : $1m^3/hr$)
(7) 계량실의 체적
   ① 0.5 L/rev : 계량실의 1주기 체적이 0.5 L
   ② MAX 1.5 m^3/hr : 사용 최대유량은 시간당 1.5 m^3

11 가스미터 설치 기준

(1) 환기가 양호한 장소일 것

(2) 설치 높이 : 바닥으로부터 ([빵꾸1]　　　) 이내

(3) 화기와의 우회거리 : 2 m 이상

(4) 전기계량기 및 전기개폐기 : 60 cm 이상

(5) 단열조치를 하지 않은 굴뚝, 점멸기, 전기접속기 : 30 cm 이상

(6) 절연조치를 하지 않은 전선 : 15 cm 이상

메꿈　① 1.6 ~ 2 m

CHAPTER 11 제어

1 제어계의 개념

(1) 제어 : 주어진 동작을 원하는 대로 처리하도록 만들어진 물리계에 조작을 가하는 것

(2) 수동제어 : 사람이 자신의 손에 의해 조작하는 제어

(3) 자동제어 : 제어 대상에 미리 설정한 목푯값과 검출된 되먹임신호를 비교하여 그 오차를 자동적으로 조정하는 제어

2 개회로 제어계

궤환요소를 가지지 않는 제어계

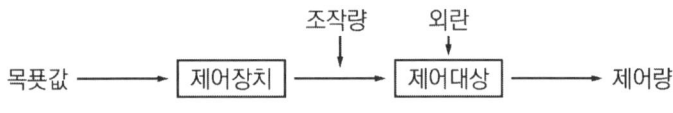

〈개루프 제어계의 구성도〉

(1) 특징
   ① 제어시스템의 간단하면 설치비가 저렴함
   ② 제어오차가 크며 오차교정이 어려움

3 폐회로 제어계

출력 일부를 입력 방향으로 피드백 시켜 목푯값과 비교되도록 폐루프를 형성하는 제어계

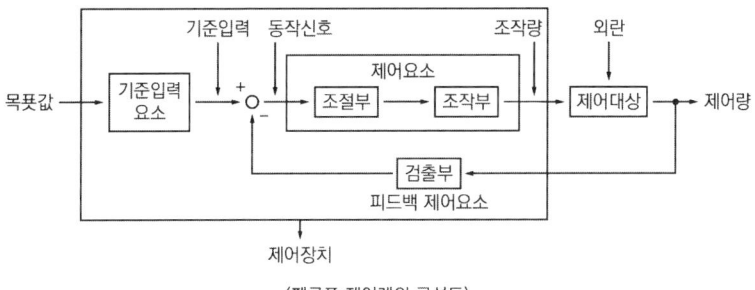

〈폐루프 제어계의 구성도〉

(1) 특징

① 장점
- 정확성 증가, 생산품질 향상
- 원료, 연료, 동력을 절약하며 인건비가 감소
- 생산량 증대 및 생산수명 연장

② 단점
- 설치비가 비싸며 고도화된 기술이 필요
- 제어장치의 고도의 지식과 능숙한 기술이 필요
- 설비의 일부가 고장 나더라도 전 생산라인에 파급효과가 발생

(2) 폐회로 제어계 구성요소 정의

① 목푯값 : 제어계에 설정되는 값으로서 제어계에 가해지는 입력을 의미

② 기준입력요소 : 목푯값에 비례하는 신호인 기준입력 신호를 발생시키는 장치로써 제어계의 설정부를 의미

③ 동작신호 : 목푯값과 제어량 사이에서 나타나는 편차값으로 제어요소의 입력 신호

④ 제어요소 : 조절부와 조작부로 구성되어 있으며, 동작신호를 조작량으로 변환하는 장치

⑤ 조작량 : 제어장치 또는 제어요소의 출력이면서 제어 대상의 입력인 신호
⑥ 제어 대상 : 제어기구로써 제어장치를 제외한 나머지 부분을 의미
⑦ 제어량 : 제어계의 출력으로써 제어대상에서 만들어지는 값
⑧ 검출부 : 제어량을 검출하는 부분으로 입력과 출력을 비교할 수 있는 비교부에 출력신호를 공급하는 장치
⑨ 외란 : 제어 대상에 가해지는 정상적인 입력 이외의 좋지 않은 외부 입력으로서 편차를 유도하여 제어량의 값을 목푯값에서부터 멀어지게 하는 입력
⑩ 제어장치 : 기준입력요소, 제어요소, 검출부, 비교부 등과 같은 제어동작이 이루어지는 제어계 구성 부분을 의미하며 제어 대상은 제외됨

4 목푯값에 의한 분류(입력기준)

(1) 정치제어 : 목푯값이 시간에 관계없이 항상 일정한 제어(프로세스제어, 자동조정제어)

(2) ([빵꾸1]   ) : 목푯값의 크기나 위치가 시간에 따라 변하는 것을 제어함
(추종제어, 프로그램제어, 비율제어)
① 추종제어 : 제어량에 의한 분류 중 서보 기구에 해당하는 값을 제어함
② 프로그램제어 : 미리 정해진 시간적 변화에 따라 정해진 순서대로 제어한다.
③ 비율제어 : 목푯값이 다른 것과 일정비율 관계를 가지고 변화하는 경우의 추종제어법

메꿈   ① 추치제어

5 제어량에 의한 분류

(1) ([빵꾸1]) 제어 : 제어량의 기계적인 추치제어
(위치, 방향, 자세, 각도, 거리)

(2) ([빵꾸2]) 제어 : 공정제어라고도 하며 제어량이 피드백 제어계로서 주로 정치제어 (온도, 압력, 유량, 액면, 밀도, 농도)

(3) 자동조정 제어 : 제어량이 정치제어(전압, 주파수, 장력, 속도)

6 PID 제어 정리

종류		특징
P	([빵꾸3])	• 정상오차 수반 • 잔류편차 발생
I	적분동작	• 잔류편차 제거
D	미분동작	• 오차가 커지는 것을 미리 방지
PI	([빵꾸4])	• 잔류편차 제거 • 제어결과가 진동적으로 될 수 있음 • 속응성이 김
PD	비례미분동작	• 응답 속응성의 개선
PID	비례적분미분동작	• 잔류편차 제거 • 응답의 오버슈트 감소 • 응답 속응성 향상 • 가장 안정적인 제어계

메꿈 ① 서보기구 ② 프로세스 ③ 비례동작 ④ 비례적분동작

CHAPTER 12 연소와 연료

1 연소

(1) 정의 : 가연성 물질이 산소와 반응하여 빛과 열을 얻는 화학적인 반응

(2) 연소에 의한 빛

색 깔	온 도	색 깔	온 도
암적색	700℃	황적색	1100℃
적색	850℃	백적색	1300℃
휘적색	950℃	([빵꾸1])	1500℃

2 연소의 3요소

(1) 가연성 물질 : 고체, 액체, 기체로 구분되며 기체인 경우 가연성 가스라고 함

(2) 산소 공급원 : 공기 중의 산소, 순산소 등 자신은 연소하지 않고 가연성 물질의 연소를 돕는 조연성

(3) 점화원 : 활성화 에너지를 주는 것(착화원)으로, 화기, 전기불꽃, 마찰열, 충격, 고열물, 단열압축, 산화열 등이 있음

※ 가연성 물질이 되기 쉬운 것
 ① 연소열이 ([빵꾸2]   ) 것
 ② 활성화 에너지가 ([빵꾸3]   ) 것
 ③ 열전도율이 ([빵꾸4]   ) 것

메꿈 ① 휘백색 ② 많은 ③ 작은 ④ 작은

3 연소반응속도가 빨라지는 요인

(1) 분자의 충돌횟수가 많을수록

(2) 활성화 에너지가 작을수록

(3) 반응온도가 높을수록

4 인화점과 발화점

(1) 인화점 : 공기 중 가연성 물질에 점화원을 접촉시켰을 때 연소하는 최저온도

(2) 발화점 : 불씨가 없이 연소가 일어나는 최저온도로 발열량이 크고 반응활성속도가 클수록 저하됨
  ① 인화점과 발화점은 낮을수록 위험
  ② 탄화수소에서 착화점은 탄소수가 많은 분자일수록 낮아짐
  ③ 최소점화에너지 : 가스가 발화하는 데 필요한 최소에너지로서 가스의 압력과 온도, 조성에 따라 다름

(3) 주요가스의 착화점
  ① 프로판 : 460 ~ 520 ℃
  ② 부탄 : 430 ~ 510 ℃
  ③ 일산화탄소 : 637 ~ 658 ℃
  ④ 가솔린 : 210 ~ 300 ℃
  ⑤ 메탄 : 615 ~ 682 ℃
  ⑥ 에틸렌 : 500 ~ 519 ℃
  ⑦ 수소 : 580 ~ 590 ℃
  ⑧ 아세틸렌 : 400 ~ 440 ℃

(4) 가연성 물질의 연소형태
  ① 기체연소 : 확산연소, 발염연소
  ② 액체연소 : 증발연소

③ 고체연소
- ([빵꾸1]   ) : 목탄, 코크스, 금속분 등
- 증발연소 : 황, 나프탈렌, 휘발유, 등유, 경유 등
- 분해연소 : 목재 (가연성 가스가 발생한 후에 연소), 석탄, 종이, 플라스틱
- 자기연소 : 내부연소 (산소화합물질의 경우), TNT, 피크린산, 니트로글리세린

5 연료 구비조건

(1) 발열량이 ([빵꾸2]   ) 것
(2) 점화가 쉽고 완전연소가 될 것
(3) 매연이 적고 공해요인이 없을 것
(4) 저장, 운반, 취급이 쉽고 경제적일 것

6 연료

(1) 고체연료 : 주성분인 탄소 외에 회분과 수분을 함유(약 5000 kcal/kg)
  ① 수분이 존재할 때
  - 점화가 어렵고 ([빵꾸3]   )가 발생
  - 수분의 기화로 연소를 나쁘게 함
  - 통기 및 통풍불량의 원인이 되
  - ([빵꾸4]   )로 열효율이 저하됨
  ② 휘발분이 존재할 때
  - 연소할 때 그을음이 발생
  - 점화는 쉬우나 발열량이 저하

메꿈 ① 표면연소 ② 클 ③ 흰 연기 ④ 불완전연소

③ 회분이 존재할 때
- 발열량이 저하되어 연료가치가 떨어짐
- 클링커 발생으로 통풍이 저하
- 연소를 나쁘게 하며 열효율이 저하

④ 공업원소를 분석할 때 : C, H, O, N, S의 중량비로 표시

⑤ 착화온도가 낮아지는 조건
- 발열량이 클수록
- 분자구조가 복잡할수록
- 산소량이 증가할수록

(2) 액체연료 : C, H가 주성분이며 비중은 0.78 ~ 0.97 정도

① 비중이 크면 발열량이 감소
② 액체연료에서는 탄소 수가 많으면 발열량이 감소
③ 점도에 따라 중유는 A, B, C로 구분
④ 인화점 : 연소될 수 있는 최저온도(중유가 높음)
 (가솔린 : -20 ~ -40 ℃, 경유 : 50 ~ 70 ℃)
⑤ 유동점은 응고점보다 2.5 ℃ 정도 높음

(3) 기체연료 : 연소효율이 높고 점화소화가 용이(주성분 C, H)

① 천연가스 : 유전가스, 탄전, 수용성으로 천연적으로 발생하는 가스로서 가연성인 것
② LNG : 액화천연가스, 메탄이 주성분
③ LPG : 석유정제의 부산물로서 프로판, 부탄이 주성분
④ 오일가스 : 나프타를 주원료로 열분해, 접촉분해, 부분연소 등으로 만들어짐
⑤ 석탄계 가스 : 석탄을 건류할 때 발생되는 가스(CH_4, H_2, CO 등)

⑥ ([빵꾸1]   ) : 무연탄이나 코크스를 수증기와 작용시켜 생성 (H_2, CO)

⑦ 고로가스 : 제철의 용광로에서 부산물로 발생되는 가스(CO_2, CO, N_2 등)

⑧ 오프가스 : 석유정제 폐가스(접촉분해, 개질, 상압정류 때 발생)와 석유화학 폐가스 (C_2H_4, C_3H_6를 제조할 때)를 말함

⑨ 도시가스 : CH_4이 주성분이며, H_2 탄화수소물 등을 혼합시킴

메꿈   ① 수성가스

CHAPTER 13 연소 계산

1 발열량

완전연소할 때 발생하는 열량(액체, 고체 : kcal/kg, 기체 : kcal/m^3)

(1) 고위발열량 : 수증기의 증발잠열을 포함한 열량(총발열량)

$$H_h(\text{고}) = H_l(\text{저}) + 600(9H + W)$$

(2) 저위발열량 : 수증기의 증발잠열을 뺀 열량(진발열량)

$$H_l(\text{저}) = H_h(\text{고}) - 600(9H + W)$$

2 공기량

(1) 산소량

$$W : \frac{32}{12} + \frac{16}{2}\left(H - \frac{O}{8}\right) + \frac{32}{32}S = 2.67C + 8\left(H - \frac{O}{8}\right) + S\, kg/kg$$

$$V : \frac{22.4}{12} + \frac{11.2}{2}\left(H - \frac{O}{8}\right) + \frac{22.4}{32}S = 1.87C + 5.6\left(H - \frac{O}{8}\right) + 0.7S\, m^3/kg$$

$$V : \frac{\text{산소몰수}}{\text{가연성 몰수}} = Nm^3/Nm^3$$

(2) 공기량

① 체적으로 구할 때 : $8.89C + 26.67H + 3.33S\, Nm^3/kg$

② 중량으로 구할 때 : $11.49C + 34.5H + 4.35S\, kg/kg$

(3) 기체연료의 이론공기량

$$O_2 = \frac{1}{2}H_2 + \frac{1}{2}CO + 2CH_4 + 3C_2H_4 + 5C_3H_8 + 12/2\,C_4H_{10} - O_2$$

이론공기량 $A_0 = \dfrac{O_0}{0.21}\, Nm^3/Nm^3$

※ $A_0 = \dfrac{O_0}{0.232}\, [kg/kg]$

(4) 실제공기량

$A/A_o = m$(공기비) 여기서, A_o : 이론공기량, A : 실제공기량

$$공기비 = 1 + \frac{과잉공기량}{이론공기량}$$

실제공기량 = 이론공기량 × 공기비

과잉공기 = 실제공기 − 이론공기

※ $CO_{2\max}$

(이산화탄소 최대량 : 이론공기량으로 완전연소시켰을 때 최대값이 됨)

$$CO_{2\max} = \frac{21 \times CO_2}{21 - O_2}$$

$$공기비(m) = \frac{실제공기량(A)}{이론공기량(A_o)} = \frac{CO_{2\max}}{CO_2} = \frac{21}{21 - O_2} = \frac{N_2}{N_2 - 3.76\,O_2}$$

CHAPTER 14 | 폭발과 폭굉

1 폭발

격렬한 연소의 한 형태로서 급격한 압력의 발생, 해방의 결과로서 격렬한 음향과 폭풍을 수반하는 팽창현상

2 폭발 종류

(1) 화학적 폭발 : 폭발성 혼합가스에 점화할 때, 화약이 폭발할 때

(2) 압력폭발 : 고압가스 용기, 보일러의 폭발

(3) 분해폭발 : 가압하에서 아세틸렌, 산화에틸렌, 히드라진 등

(4) ([빵꾸1]) : HCN, C_2H_4O 등(중합열은 발열반응)

(5) 촉매폭발 : 수소, 염소 등에 직사일광을 쬘 때 염소폭명기

3 폭굉

데토네이션이라고 하며, 가스 중의 음속보다는 화염 전파속도가 큰 경우

(1) 마하 수 : 3 ~ 5배

(2) 파면압력 : 초압의 10 ~ 50배

(3) 폭파속도 : 폭굉이 전하는 속도로 1000 ~ 3500 m/s(정상 연소속도는 0.03 ~ 10 m/s)

(4) ([빵꾸2]) : 완만한 연소가 폭굉으로 발전하는 거리로서 짧을수록 위험

메꿈   ① 중합폭발 ② DID (폭굉유도거리)

※ DID가 짧아지는 요인
- 고압일수록
- 점화원의 에너지가 강할수록
- 관 속에 장애물이 있거나 관지름이 ([빵꾸1])수록
- 정상 연소속도가 큰 혼합가스일수록

4 폭발에 영향을 주는 인자

온도, 압력, 용기의 모양과 크기, 조성(폭발범위 %)

5 폭발등급과 안전간격

(1) 소염 : 온도, 압력, 조성의 세 가지 조건이 갖추어져도 용기가 작으면 발화하지 않고, 부분적으로 발화하여도 화염이 전파되지 않고 도중에 꺼져 버리는 현상

(2) 안전간격 : 화염이 틈새를 통하여 바깥쪽 (B)의 폭발성 혼합가스까지 전달되는가를 측정할 때 화염이 전달되지 않는 한계의 틈새

(3) 폭발등급 : 안전간격에 따라서 구분

① 1급 : 안전간격이 0.6 mm 이상인 가스(CO, CH_4, C_3H_8, NH_3, n-부탄, 벤젠, 가솔린)

② 2급 : 안전간격이 0.6 mm 미만, 0.4 mm 이상인 가스(에틸렌, 석탄가스)

③ 3급 : 안전간격이 0.4 mm 미만인 가스(수소, 수성가스, 아세틸렌, 이황화탄소)

※ 급수가 클수록(3급 > 2급 > 1급) 위험

메꿈 ① 작을

6 폭발범위와 위험도

(1) 폭발범위 : 가연성 가스와 공기의 혼합가스에 대한 연소가 가능한 가연성 가스의 용량 백분율(Vol %)
   ① 폭발범위 = 연소범위 = 가연범위 = 폭발한계 = 연소한계 = 가연한계
   ② 가연성 가스의 폭발범위 : 압력이 높을수록 넓어짐(단, CO + 공기는 좁아짐)

(2) 폭발범위의 측정 : 전기불꽃을 사용하며 $\phi 50$ mm, 길이 1.5 m의 수평 유리관에 가연성 가스와 공기의 혼합가스를 1 atm으로 넣고 전기불꽃으로 실험

(3) 위험도 : 클수록 위험하며, 하한계가 낮고 상한과 하한의 차이가 클수록 커짐

$$위험도\ H = \frac{U-L}{L}$$

H : 위험도
U : 폭발상한값(%)
L : 폭발하한값(%)

7 가연성 가스

공기 중에서 연소할 수 있는 가스로서 고압가스 법규상 폭발한계치로 규정

(1) 폭발한계의 하한이 10 % 이하
(2) 폭발한계의 상한과 하한의 차이가 20 % 이상인 가스

가스명	하한	상한	가스명	하한	상한
부탄 C_4H_{10}	1.8	8.4	산화에틸렌 C_2H_4O	3	80
프로판 C_3H_8	2.1	9.5	수소 H_2	4	75
아세틸렌 C_2H_2	2.5	81	황화수소 H_2S	4.3	45
에틸렌 C_2H_4	2.7	36	시안화수소 HCN	6	41
에탄 C_2H_6	3	12.5	일산화탄소 CO	12.5	74
메탄 CH_4	5	15	암모니아 NH_3	15	28

> **암** 십팔팔사[부], [프]트리구오, [아]이고팔자야, [에]이칠쓰루,
> 삼일이오[에탄], [메]오시오, [싸이렌]삼팔광, [수]사치료,
> 사삼사오[황], 육사일[시], 씹이냐칠세[일산], 일러어이십팔[니아]

※ 암모니아(15 ~ 28 %)와 브롬화메탄(13.5 ~ 14.5 %) 두 가지는 '하한이 10 % 이하, 상한과 하한의 차이가 20 % 이상'의 규정에는 해당되지 않지만 가연성 가스로 취급

※ 수소는 공기 중에서는 4 ~ 75 %이나 염소 중의 폭발한계는 5.5 ~ 89 %로서 직사 일광에 의해 다음과 같은 염소 폭명기를 만든다.

8 ([빵꾸1]   )

가연성 가스의 연소를 도와 주는 가스로서 산소, 염소, 공기, 이산화질소, 초산가스 등이 있음

9 불연성 가스

불이 타지 않는 가스로서 질소, 이산화탄소와 불활성 가스 (He, Ar, Ne, Xe, Kr, Rn 등)

10 통풍시설

① 통풍구의 크기 : 바닥면적 1 m^2에 대하여 ([빵꾸2]   ) cm^2 이상 (즉, 바닥면적의 3 %), 2개 이상 설치

② 강제통풍 능력 : 바닥면적 1 m^2 당 ([빵꾸3]   ) m^3/min 이상

③ 배기가스 중의 가스농도가 0.5 % 이상일 때 가스누설 장소를 정밀조사, 보수할 것

메꿈 ① 지연성 가스   ② 300   ③ 0.5

11 고압가스 용기와 밸브의 안전관리

(1) 용기의 구분

  ① 용접용기(계목용기) : 주로 압력이 ([빵꾸1]   ) 가스, 액화가스 충전

   ※ LPG, NH_3, C_2H_2, C_2H_4 등

   ※ 용접용기의 두께공차 : 평균값의 20 % 이하일 것

  ② 이음매 없는 용기(무계목용기) : 주로 압력이 ([빵꾸2]   ) 가스, 압축가스, 초저온 액화가스 등을 충전

(2) 밸브의 안전사항

  ① 충전구나사 : 오른나사로 하는 것이 원칙

   ※ 가연성 가스는 왼나사로 하며, 왼나사임을 표시하기 위해 그랜드 너트에 V자 홈을 팔 것

   ※ 가연성 가스 중 NH_3와 CH_3Br(브롬화메탄)은 오른나사로 할 것

  ② 밸브누설의 종류

   • 본체누설 : 밸브 본체의 결함(균열, 부착불량 등)에 의함

   • 시트누설(충전구누설) : 밸브를 닫았을 때 시트 패킹을 통하여 충전구 쪽으로 누설되는 형태

   • 패킹누설(스핀들누설) : 충전구를 차단하고 밸브를 열면 스핀들과 그랜드 너트 사이로 누설되는 형태

(3) 용기보관상 주의사항

  ① 도장 : 방청도장(하도) → 건조 → 색도장(상도) → 건조

  ② 가스누설 : 정기적으로 검사(비눗물 등 발포액 사용)할 것

  ③ 공병은 항상 달아서 수분의 침입을 방지할 것

  ④ 혼합저장 금시 : 가연성, 산소, 독성 가스는 각각 구분하여 설치할 것

  ⑤ 습기와 수분, 직사광선 등을 피할 것

  ⑥ 충전용기와 잔 가스용기는 구분하여 보관할 것

  ⑦ 충격, 화재, 온도의 상승 등에 주의할 것

메꿈   ① 낮은 ② 높은

(4) 충전용기와 잔 가스용기
    ① 충전용기 : 충전압력, 충전량이 전체질량의 1/2 이상 충전된 용기
    ② 잔 가스용기 : 충전량이 전체량의 1/2 미만 들어 있는 용기

(5) 가스사고 방지상 주의사항
    ① 산소밸브, 조정기에 유지류가 묻어 있을 때 : 사염화탄소 (CCl_4)로 세척
    ② 밸브에 얼음이 붙어있을 때 : 40 ℃ 이하의 온수나 열습포로 녹일 것
    ③ 밸브의 개폐 조작 : 서서히 하며, 핸들이 없는 것은 10인치 이하의 몽키스 패너를 사용하여 조작
    ④ 가스를 사용한 후 1/3 기압 (게이지) 정도 남기고 밸브를 닫을 것
    ⑤ 산소의 불법사용을 금지할 것

(6) 통가스설비의 사고원인
    ① 용기의 결함
    ② 가스누설
    ③ 밸브의 불량
    ④ 기구의 연결 불량
    ⑤ 저장법의 불량
    ⑥ 밸브수리 부주의로 분출
    ⑦ 밸브개폐의 조작 미숙
    ⑧ 조정기의 접속 착오
    ⑨ 재검사의 태만

CHAPTER 15 기타

1 공기비가 클 때 연소에 미치는 영향
(1) 연소실 내의 연소온도가 저하
(2) 통풍력이 강하여 배기가스에 의한 열손실이 많아짐
(3) 연소가스 중에 SO_3의 함유량이 많아져서 저온부식이 촉진
(4) 연소가스 중에 NO_2의 발생량이 심하여 대기오염이 유발

2 공기비가 작을 때 연소에 미치는 영향
(1) ([빵꾸1]   )가 되어 매연 발생이 심해짐
(2) 미연소에 의한 열손실이 증가
(3) 미연소 가스로 인한 폭발사고가 일어나기 쉬움

3 발화점에 영향을 미치는 인자
온도, 압력, 조성, 용기의 크기 및 형태

4 연소온도에 영향을 미치는 인자
연료의 저위발열량, 공기비, 산소농도, 열전달계수

5 예혼합연소(혼합기연소)
가연성 기체를 미리 공기와 혼합시켜 연소하는 방식

메꿈   ① 불완전연소

6 내부연소(자기연소)

외부로부터 산소 공급이 없더라도 자체 산소를 이용하여 연소

7 폭발

격렬한 연소의 한 형태로서 급격한 압력의 발생, 해방의 결과로서 격렬한 음향과 폭풍을 수반하는 팽창현상

8 폭연

충격파가 음속보다 느린 경우, 가솔린과 공기혼합물이 1/300초 내에 완전연소하는 경우 압력은 수 기압 정도이며 폭굉으로 발전할 수 있음

9 폭굉

데토네이션이라고 하며, 가스 중의 음속보다도 화염전파속도가 ([빵꾸1]   ) 경우(마하수 : 3 ~ 5배, 압력 : 15 ~ 40 atm, 폭파속도 : 1000 ~ 3500 m/s)

10 폭굉유도거리(DID)

완만한 연소가 폭굉으로 발전하는 거리이며 짧을수록 위험(정상속도가 클수록, 관 속에 장애물이 있거나 지름이 작을수록, 고압일수록, 점화원의 에너지가 강할수록 짧아짐)

11 열의 이동

(1) 종류

① ([빵꾸2]   ) : 물체의 온도가 높은 부분에서 낮은 부분 쪽으로 열이 물질 속에서 이동하는 것
② 대류 : 열이 액체나 기체의 운동에 의해 이동하는 것

메꿈   ① 큰 ② 전도

③ 복사 : 고온의 물체가 열원을 방사하여 공간을 거친 후 다른 저온의 물체에 흡수되어 일어나는 열
④ ([빵꾸1]   ) : 고체의 표면과 그것과 접하는 유체 사이의 열 이동(유체와 고체 간에 열이 이동하는 것)
⑤ 열통과(열관류) : 열교환기의 격벽 또는 보온·보냉을 위한 단열벽 등에서 고체 벽을 통과하여 한쪽에 있는 고온의 유체가 다른 쪽에 있는 저온 유체로 열이 이동하는 것

1. 열전도량 $q = \lambda \dfrac{F \Delta t}{l}$
2. 열전달량 $q = KF \Delta t$
    λ : 열전도율(kJ/mhK), F : 전열면적(m^2),
    l : 물질의 길이(두께)(m)
    K : 열통과율(kJ/m^2hK), Δt : 온도차(K)

12 응축기 방출열량 계산

(1) 응축부하(kJ/h)

냉매가스로부터 단위시간당 제거하는 열량

$Q = G(i_b - i_e) = G_w C_2 (t_{w_2} - t_{w_1})$
$= Q_e + N = KF \Delta t_m = Q_e C \; [kJ/h]$

G : 냉매순환량(kg/h), t_{w_1}, t_{w_2} : 냉각수 입구 출구 온도 °C

i_b : 응축기 입구 냉매 엔탈피(kJ/kg), i_e : 응축기 출구 냉매 엔탈피(kJ/kg)

Q_e : 냉동능력(kJ/h), N : 압축일의 열당량(kJ/h)

G_w : 냉각수 순환량(kg/h), K : 열통과율(kJ/m^2hK)

C_w : 비열$(= 4.18 kJ/kg \cdot K)$, Δt_m : 냉매와 냉각수의 평균온노차 °C

F : 면적(m^2), C : 방열계수(냉장과 냉방 : 1.2, 냉동 : 1.3)

메꿈   ① 열전달

(2) 온도차(℃)

　① 냉각수 온도차 : $\triangle t = t_{w_2} - t_{w_1}$

　② 산술 평균온도차 : $\triangle t_m = t_c - \dfrac{t_{w_1} + t_{w_2}}{2}$

　③ 대수 평균온도차

$$MTD = \dfrac{\triangle_1 - \triangle_2}{2.3 \log \dfrac{\triangle_1}{\triangle_2}} ≒ \dfrac{\triangle_1 - \triangle_2}{\ln \dfrac{\triangle_1}{\triangle_2}}$$

　$\triangle_1 = t_c - t_{w_1}$

　$\triangle_2 = t_c - t_{w_2}$

　t_c : 응축온도(°C), t_{w_1} : 냉각수 입구온도(°C),
　t_{w_2} : 냉각수 출구온도(°C)

(3) 열통과율(kJ/m²hK)

　열관류율 : $\dfrac{1}{K} = \dfrac{1}{\alpha_r} + \sum \dfrac{l}{\lambda} + \dfrac{1}{\alpha_w}$

　　α_r : 냉매측 열전달률($kJ/m^2 hK$)
　　α_w : 냉각수측 열전달률($kJ/m^2 hK$)
　　λ : 재질 또는 물질의 열전도율(kJ/mhK)
　　l : 재질 또는 물질의 두께(m)

13 긴급차단장치

(1) 저장탱크에 접속된 배관에서 유체의 온도, 주위온도의 상승 등으로 사고발생의 위험 또는 오조작 등으로 액상의 가스가 유출될 위험이 있을 때 신속하게 차단

(2) 설치위치 : 가연성, 독성 저장탱크로 액상의 가스를 송출 또는 이입하거나 이들을 겸용으로 하는 배관 중에 설치

(3) 조작위치 : ([빵꾸1]   ) m 이상(고압가스 특정제조는 10 m 이상) 이격

(4) 작동 : 가용합금을 부착하여 유체 도는 주위온도가 110 ℃ 이상이 되면 자동으로 작동

(5) 종류
   ① 외장형 : 액배관으로 저장탱크에 가까운 곳으로서 주밸브 외측에 설치하는 배관접속형
   ② 내장형 : 탱크의 내면에 내장되는 저조내장형

(6) 작동원의 종류 : 공기압, 유압, 수동식(스프링식), 전기의 네 가지가 있으며, 공기압식과 유압식이 주로 쓰임

(7) 작동레버 : 3곳 이상 설치

(8) 설치대상 용량 : 저장탱크 내용적 ([빵꾸2]   ) L 이상일 때

(9) 긴급차단장치의 기밀성능
   ① 부착상태 : ϕ 1.4 mm의 구경에서 누출되는 가스량 이상의 누설이 없을 것
   ② 분리상태 : N_2, 공기 등으로 차압 5 kg/cm^{2}에서 3분간 누설량이 1 L 미민일 것

(10) 긴급차단장치는 저장탱크의 주밸브와 겸용으로 사용 ([빵꾸3]   )

메꿈   ① 5   ② 5,000   ③ 하지 않을 것

14 고압설비 안전장치

(1) 안전밸브 : 내압시험압력의 80 % 이하에서 작동할 것

(2) 바이패스 밸브
   ① 고압측의 고압가스를 저압측으로 바이패스시키는 구조
   ② 작동압력 : 규정압력을 넘을 때 작동
   ③ 바이패스량 : 펌프배관 내의 1시간의 유량으로 결정

(3) 파열판
   ① 반응설비로서 이상 반응이 예상되는 설비에 설치
   ② 파열압력 : 내압시험압력 이하
   ③ 안전밸브와 병행으로 설치할 때에는 안전밸브 작동압력 이상에서 작동

(4) 자동제어 장치
   ① 압축기, 펌프의 토출측 압력을 검출하여 흡입량을 자동적으로 제한하거나 차단하는 구조
   ② 규정압력이 넘을 때 자동으로 제어

15 방류둑 구비조건

(1) 액밀구조일 것

(2) 액이 체류한 표면적이 작을 것(대기접촉량이 적어야 기화량이 적음)

(3) 높이에 상당하는 액두압에 견딜 것

(4) 배관이 관통할 때는 누설방지, 부식방지 조치

(5) 금속재료는 방식, 방청 조치

(6) 가연성, 독성 또는 가연성 산소는 혼합배치 금지

[모아] 가스산업기사 필기 빵꾸노트(개정판)

발행일   2023년 9월 1일 개정판 1쇄
지은이   오민정
발행인   황모아
발행처   (주)모아팩토리
주 소   서울특별시 영등포구 영신로 32길 29 세화빌딩 2층
전 화   02-2068-2852(출판), 010-3766-5656(주문)
팩 스   0504-337-0149(주문)
등 록   제2015-000006호 (2015.1.16.)
이메일   moate2068@hanmail.net
누리집   www.moate.co.kr
ISBN   979-11-6804-195-0 (13570)

이 책의 가격은 뒤표지에 있습니다.

Copyright ⓒ (주)모아팩토리 Co., Ltd. All Rights Reserved.

이 책은 저작권법에 의해 보호를 받는 저작물이므로 저자와 출판사의 서면 허락 없이 내용의 전부 또는 일부를 이용하는 것을 금합니다.

모아바 www.moa-ba.com
모아소방전기학원 www.moate.co.kr